CAD

技术基础及开发技术

（AutoCAD 2022 版）

李水乡 ◎编著

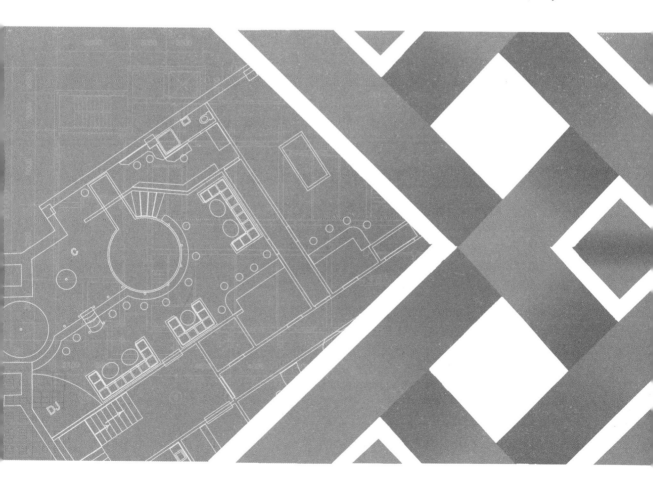

北京大学出版社

PEKING UNIVERSITY PRESS

图书在版编目 (CIP) 数据

CAD 技术基础及开发技术：AutoCAD 2022 版 / 李水乡编著 . — 北京：北京大学出版社，2024.6
ISBN 978-7-301-35100-0

Ⅰ.① C… Ⅱ.①李… Ⅲ.① AutoCAD 软件－教材 Ⅳ.① TP391.72

中国国家版本馆 CIP 数据核字 (2024) 第 108256 号

书　　　　名	CAD 技术基础及开发技术（AutoCAD 2022 版）	
	CAD JISHU JICHU JI KAIFA JISHU（AutoCAD 2022 BAN）	
著作责任者	李水乡　编著	
责 任 编 辑	王剑飞	
标 准 书 号	ISBN 978-7-301-35100-0	
出 版 发 行	北京大学出版社	
地　　　　址	北京市海淀区成府路 205 号　　100871	
网　　　　址	http://www.pup.cn	
电 子 邮 箱	zpup@pup.cn	
新 浪 微 博	@ 北京大学出版社	
电　　　　话	邮购部 010-62752015　　发行部 010-62750672　　编辑部 010-62765014	
印 刷 者	河北滦县鑫华书刊印刷厂	
经 销 者	新华书店	
	787 毫米 ×1092 毫米　16 开本　16 印张　380 千字	
	2024 年 6 月第 1 版　2024 年 6 月第 1 次印刷	
定　　　　价	58.00 元	

内 容 简 介

本书的主要内容包括 CAD(计算机辅助设计)基础知识、AutoCAD 基本操作、基于 AutoCAD 文件的二次开发、Windows 图形交互开发以及 ObjectARX 二次开发技术。本书面向 CAD 领域的全面解决方案,内容上既有主流 CAD 软件的操作,又有基于 CAD 平台的二次开发(包括直接开发和间接开发),还有基于 MFC(微软基础类)库的图形交互 CAD 软件开发。本书面向主流 CAD 平台,选用了 AutoCAD 2022 版以及 Visual Studio 2019 开发平台。

本书采用实例学习模式,通过大量精心设计的实例代码,使读者能够快速掌握开发中的关键技术。本书适应性好、学习门槛低,适合没有接触过 CAD 软件,仅学过 C/C++ 语言编程的初学者学习。

本书可作为高等院校理工科类专业的 CAD 技术教材,也可供 CAD 相关领域的工程技术人员和开发人员参考。

前　　言

　　CAD(Computer Aided Design，计算机辅助设计)技术已经成为现代工业不可或缺的基石，当前几乎所有的工程图纸均由 CAD 绘制并保存为数字化形式的 CAD 数据库，而 CAE (Computer Aided Engineering，计算机辅助工程)和 CAM(Computer Aided Manufacturing，计算机辅助制造)等技术都需要由 CAD 提供几何模型。不学习 CAD 技术将与现代工业脱节，因此目前国内外大多数理工科专业的教学计划都涉及 CAD 和 CAE 方面的课程。

　　AutoCAD(Auto Computer Aided Design)是目前国际范围内使用最广泛的 CAD 软件之一，自 1982 年推出第一个版本至今已在各工程领域得到了广泛的应用，积累了大量的用户。AutoCAD 的文件格式和操作方式已成为事实上的行业标准。此外，AutoCAD 在二次开发环境和接口开放方面也是业界标杆，支持多种开发平台和编程语言，提供功能强大的函数库及众多的技术和数据接口。本书的教学内容主要基于 AutoCAD 平台。

　　本书的主要内容包括：CAD 技术的基本概念和基础知识，AutoCAD 的二维绘图和三维建模，基于 AutoCAD 文件的二次开发技术，基于 MFC(Microsoft Foundation Classes，微软基础类)库的 Windows 图形交互技术，ObjectARX(Object AutoCAD Runtime Extension，面向对象的 AutoCAD 运行时扩展)二次开发技术。本书与国内外同领域的教材相比有以下几个鲜明的特色：

　　1. 面向 CAD 领域的全面解决方案，内容上既有主流 CAD 软件的操作，又有基于 CAD 平台的二次开发(包括直接开发和间接开发)，还有基于 MFC 的图形交互 CAD 系统开发；

　　2. 本书适应性好、学习门槛低，在简化代码的同时提供了大量示例，可供没有接触过 CAD 软件，仅学过 C 或 C++语言编程的初学者学习，适合理工科院校非计算机类专业本科生的知识水平；

　　3. 本书面向主流平台，涉及的 CAD 和开发平台较新，选用了 AutoCAD 2022 版，以及 Visual Studio 2019 开发平台；

　　4. 本书融入了笔者多年的教学和开发经验积累，特别在 AutoCAD 的间接开发方面，国内目前很少有教材涉及；

　　5. 与国内此类教材通常面向机械和土木工程专业不同，本书适合大多数理工科专业的学生学习。

　　本书对于培养学生形成 CAD/CAE 知识体系，提高编程能力和水平，培育工业软件开发人才具有重要意义和作用，可作为理工科类院校的 CAD 应用教材，也可供相关 CAD 技术和开发人员参考。

　　需要特别指出的是，为适应初学者的开发水平，本书中的示例代码力求简单易懂、可读性强。因此，本书中的代码大多忽略了出错处理(处理函数的返回值)，对代码的运行效率也没有进行专门的优化，对程序结构的简化也可能不适合某些应用，读者在实际应用开发中可能需在以上几个方面对代码加以改进。本书中的所有示例代码均可通过扫描二维码下载。

此外，本书教学内容的编排顺序主要考虑编程难度的循序渐进以及各部分知识之间的相互关系，具体教学时可根据实际需求灵活安排教学顺序。

周鑫成、张世炫两位博士研究生在本书的编撰过程中承担了部分图表的绘制和代码检验工作，在此表示感谢。

由于作者水平有限，编写时间仓促，书中难免有错误或不当之处，敬请读者批评指正。

编　者

2023 年 8 月

目　　录

第一章　CAD 技术引论 ··· 1

§1.1　CAD 技术的基本概念 ··· 1

§1.2　CAD 技术的发展历程 ··· 3

§1.3　CAD 技术的研究和应用领域 ·· 6

§1.4　CAD 硬件系统 ··· 14

§1.5　CAD 软件系统 ··· 17

习题一 ··· 20

第二章　AutoCAD 基本操作 ·· 21

§2.1　AutoCAD 简介 ·· 21

§2.2　绘制二维图形 ··· 23

§2.3　文本及其样式 ··· 32

§2.4　绘图设置 ··· 35

§2.5　显示控制和绘图查询 ··· 42

§2.6　图形编辑 ··· 45

§2.7　图块和填充 ··· 47

§2.8　尺寸标注 ··· 49

§2.9　参数化图形设计 ··· 55

§2.10　三维建模和编辑 ·· 58

习题二 ··· 68

第三章　AutoCAD 文件及其二次开发 ································· 76

§3.1　AutoCAD 文件概述 ·· 76

§3.2　MENU 菜单文件 ··· 78

§3.3　CUI 用户界面文件 ··· 81

§3.4　SCR 脚本文件 ··· 85

§3.5　DXF 文件 ··· 96

§3.6　STL 文件 ··· 108

习题三 ··· 111

第四章　Windows 图形交互技术 ……………………………………… 114
　§4.1　C++中的类 …………………………………………………… 114
　§4.2　用 AppWizard 创建应用程序 ……………………………… 119
　§4.3　文档/视图框架结构 ………………………………………… 122
　§4.4　在窗口中绘制图形 …………………………………………… 124
　§4.5　使用图形对象 ………………………………………………… 135
　§4.6　接受用户输入 ………………………………………………… 140
　§4.7　菜单和工具条设计 …………………………………………… 151
　§4.8　对话框设计 …………………………………………………… 154
　§4.9　保存和加载数据文件 ………………………………………… 159
　习题四 ……………………………………………………………… 161

第五章　ObjectARX 开发技术 ……………………………………… 164
　§5.1　AutoCAD 二次开发概述 …………………………………… 164
　§5.2　ObjectARX 简介 …………………………………………… 167
　§5.3　创建第一个应用程序 HelloARX ………………………… 172
　§5.4　常用的几何类和实体类 …………………………………… 182
　§5.5　生成二维实体 ………………………………………………… 187
　§5.6　生成三维实体 ………………………………………………… 201
　§5.7　用户交互函数 ………………………………………………… 210
　§5.8　MFC 对话框交互 …………………………………………… 214
　§5.9　遍历块表记录和实体数据操作 …………………………… 217
　§5.10　交互式实体数据操作 ……………………………………… 223
　§5.11　实体扩展数据 ……………………………………………… 226
　§5.12　复杂实体的处理 …………………………………………… 229
　§5.13　Mac 系统的 ObjectARX 开发 …………………………… 235
　习题五 ……………………………………………………………… 241

参考文献 ……………………………………………………………… 247

第一章 CAD 技术引论

本章将介绍 CAD 技术及相关的 CAE、CAPP(Computer Aided Process Planning，计算机辅助工艺编程)和 CAM 技术的基本概念，CAD 技术的目的和意义，CAD 技术的简要发展历史，CAD 技术的研究和应用领域，特别是 CAD 技术在有限元分析中的应用，以及 CAD 硬件和软件系统。目的是为初次接触 CAD 技术的读者建立起 CAD 基础知识的概念体系，也为后续章节的理解和学习提供基础。

§1.1 CAD 技术的基本概念

1. CAD 技术的概念

CAD 技术是指在计算机硬件和软件的支撑下，通过对产品的描述、造型、系统分析、优化、仿真和图形化处理的研究与应用，完成产品的整个设计过程的一种现代设计技术。CAD 系统的功能一般包括：概念设计、结构设计、装配设计、复杂曲面设计、工程图样设计、工程分析、实体渲染和数据交换等。

实际应用中与 CAD 技术紧密关联的相关技术包括 CAE、CAPP 和 CAM 等技术。

CAE 技术是指一系列对产品设计进行模拟、仿真、分析和优化的技术，是一种用计算机求解结构强度、刚度、屈曲稳定性、动力响应、热传导、三维多体接触、弹塑性等力学性能的分析计算以及结构性能优化设计的数值分析方法。CAE 技术主要包括有限元分析、运动学与动力学分析、流体力学分析、优化设计分析等内容。近年来兴起的等几何分析(Isogeometric Analysis)基于有限元分析方法的等参单元思想，将 CAD 中用于表达几何模型的 NURBS(Non-Unifrom Rational B-Splines，非均匀有理 B 样条)的基函数作为形函数，实现了 CAD 和 CAE 的无缝衔接。

CAPP 技术是指在计算机硬件和软件的支撑下，工程设计人员根据产品设计阶段的信息，人机交互或自动地完成产品加工方法选择和工艺过程设计的技术。CAPP 系统的功能一般包括毛坯设计、加工方法选择、工艺路线制定、工序设计、刀具夹具和量具设计等。

CAM 技术是指用计算机来辅助产品制造，通常包括刀具路径规划、刀位文件生成、刀具轨迹仿真、数控代码生成、机床数控加工等环节。

CAD 技术是一门基于计算机技术和计算机图形学而发展起来的、与专业领域技术相结合的、具有多学科综合性的技术。在现代工业设计与制造中，CAD 技术与 CAE、CAPP 和 CAM 等技术密切配合，已发展成为现代工业的重要基石。

CAD 技术将人和计算机的最佳特性结合起来以辅助产品的设计和分析。在工程设计中，人的优势是从事创造性的工作，具有综合分析、逻辑判断、创造性思维等能力，而计算机的优势是具有强大的计算能力、海量数据存储能力和高效图形处理能力，如图 1-1 所示。因此，CAD 技术将人和计算机的优势整合对于提高产品的设计效率和设计质量，增强产品的市场竞争力具有重要的作用。

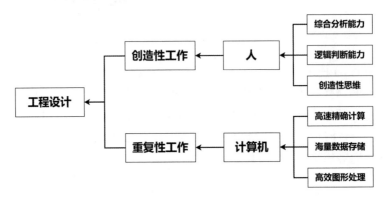

图 1-1　工程设计中人和计算机的作用

2. CAD 技术的目的

（1）用计算机来完成工程设计中几何模型的数字化建模和绘图；

（2）为 CAE、CAPP、CAM 以及 3D 打印等专业领域技术提供数字化几何模型；

（3）应用结构分析、结构优化、人工智能和模式识别等技术帮助人们完成设计选型、结构优化等较复杂的设计工作，提高设计的自动化水平。

3. CAD 技术的意义

（1）缩短设计周期

相比于传统的图纸绘图，CAD 系统的数字化模型极大地提高了几何建模和传输的效率。CAD 系统集成了大量的设计工具，如参数化设计和参数化零件库，可以有效地提升工程设计效率。计算机处理速度快，能不间断地处理大量数据，减少了工程设计人员的工作量和劳动强度。此外，基于网络的分布式 CAD 技术使工程设计进入团队协同设计模式阶段，相较于个人设计模式也极大地提高了设计效率，缩短了设计周期。

（2）提高设计质量

相较于传统的三视图图纸，CAD 的数字化模型具有准确、清晰、美观、标准化等优点，同时可以建立更为直观、具有真实感的三维数字模型。利用标准数据库、图形库和设计工具库可以减少人为设计误差，提高设计质量。

（3）降低设计成本

工程设计采用 CAD 技术带来的效率提升直接降低了设计成本。更重要的是，CAD/CAE 技术可以用数值模拟来代替或部分代替代价高昂的实验，如汽车碰撞（见图 1-2）、机械运动干涉、鸟撞、风洞、全机静力试验（见图 1-3）等，从而极大地降低工程设计成本。

图 1-2　汽车碰撞的数值仿真

图 1-3　飞机的全机静力实验

§1.2　CAD 技术的发展历程

1. CAD 技术的诞生

CAD 技术产生和发展的基础是计算机硬件和软件技术的发展。1950 年美国麻省理工学院在其研制的旋风 1 号计算机上采用了阴极射线管图形显示器，可以显示一些简单的图形。

1962 年美国麻省理工学院林肯实验室 Ivan E. Sutherland 的博士论文"Sketchpad：一个人机通信的图形系统"和他研制的原型系统 Sketchpad 标志着 CAD 技术的诞生，他也因此在 1988 年获图灵奖。图 1-4 为 Sutherland 正在演示他的 Sketchpad 人机通信图形系统。

1964 年美国通用汽车公司推出了第一个实用 CAD 系统——DAC-1 系统，并将它用于汽车设计，从而首次实现了 CAD 技术在工程设计领域中的应用。

1965 年，美国洛克希德飞机公司与 IBM 公司联合开发了基于大型机的 CADAM 系统，具有三维线框建模、数控编程和三维结构分析等功能，使 CAD 技术在航空工业领域进入了实用阶段。

图 1-4　1962 年美国麻省理工学院林肯实验室 Ivan E. Sutherland(右)正在演示
Sketchpad 人机通信图形系统

2. CAD 硬件的发展

(1) 通用机 CAD 阶段(20 世纪 60 年代初—60 年代末)

基本特征：通用机(大型计算机)、刷新式图形显示器

图形输入设备：光笔

典型 CAD 系统：美国通用汽车公司 DAC-1、洛克希德飞机公司 CADAM

(2) 小型机 CAD 阶段(20 世纪 60 年代末—70 年代末)

基本特征：小型机、存储管式显示器

图形输入设备：图形输入板

典型系统：美国 APPLICON 公司 AGS 系统，COMPUTEVISION 公司 CADDS 系统。

(3) 微机和工作站 CAD 阶段(20 世纪 70 年代至今)

基本特征：微机、工作站、光栅扫描式显示器和液晶平板显示器

图形输入设备：鼠标器

进入 21 世纪后，基于开放的分布式工作站网络(特别是基于 Internet 的 CAD/CAM 集成化系统)成为 CAD 系统的重要特征。基于云计算和云储存技术的云端 CAD 正在快速发展。

3. CAD 软件的发展

（1）计算机图形系统(Computer Graphics Systems)

计算机图形系统用以绘制或显示由直线、圆弧或曲线组成的二维和三维图形，如早期美国 PLOT-10、英国 GINO-F 等系统。后来该系统发展日趋标准化，形成如 GKS、PHIGS 和 GL 等系统，成为计算机的系统软件。

（2）二维工程绘图系统(Drafting Systems)

二维工程绘图系统可交互地绘制各种工程图纸，如发展最早也最有影响的美国洛克希德飞机公司开发的 CADAM 和后来美国 Autodesk 公司在微机上开发的 AutoCAD 是最典型的交互式工程绘图系统。由 CV、Intergraph、Applicon、Calma、Auto - trol、Unigraphics、Gerber 等公司早期开发的 CAD 系统也主要是完成二维工程绘图任务。

（3）三维几何造型系统(Geometric Modelling Systems)

工程图纸是产品设计的最终二维描述，交互式工程绘图系统完全模仿技术人员的手工设计，不仅效率低、不直观，而且后续生产环节难以引用。因此，CAD 系统向三维几何造型系统方向发展，称作传统型 CAD 系统的几何造型系统，主要有：

- 美国 Computer Vision 公司的 CADDS 系统
- 美国通用汽车公司的 UGII 系统
- 美国 Intergraph 公司的 Intergraph 系统
- 法国达索公司的 CATIA 系统
- 美国 SDRC 公司的 I-DEAS 系统
- 法国 MATRA 公司 Euclid-IS 系统

几何造型系统建模一般包括线框(Wireframe)、表面(Surface)和实体(Solid)模型，后续又增加了特征设计功能。

上述传统型 CAD 系统由于发展较早，设计思想落后，多数无统一数据库管理，集成化程度不够，系统庞大，包袱沉重，难以做重大改进。在 20 世纪 80 年代以后一些公司重新设计了新的 CAD 系统，在系统结构、集成化程序、特征造型和参数化设计等方面做了很多改进，如下述系统：

- Three Spaces Ltd 公司的 ACIS 系统
- Cimples Inc 公司的 Cimples 系统
- Aries Technology 公司的 Concept Station 系统
- ICAD Inc 公司的 ICAD 系统
- Intergraph 公司的 I/EMS 系统
- Parametric Tech 公司的 Pro/Engineer 系统
- 法国达索系统公司的 SolidWorks 系统

（4）产品模型系统(Product Modelling Systems)

前面所述 CAD 系统主要用来描述产品的几何尺寸及拓扑关系的几何模型，是产品模型的一部分。目前 CAD 系统的发展趋势是研究和开发具有形状特征、尺寸公差特征和技术特征的产品模型系统，采用产品数据管理（Product Data Management）技术，支持在 CIMS（Computer Integrated Manufacturing Systems，计算机集成制造系统）环境下产品生产周期里统一的数据模型，从根本上解决产品在设计、生产、质量控制、组织管理等各个环节的数据交换和共享的途径。在近年来流行的 PLM（Product Lifecycle Management，产品生命期管理）系统中，产品模型系统是 PLM 上游的重要环节。

（5）综合智能设计系统（Integrated Intelligent Design Systems）

现代意义上的计算机辅助设计系统，是多学科的综合智能设计系统。如现代军用飞机的设计中，不仅要考虑传统的战术性能，如速度、升限、巡航半径、起飞降落距离、机动性、载弹量等因素，还要满足隐身、电磁兼容、人机工程、安全性能等方面的需求。当前的 CAD 技术正在向集成化、智能化、标准化和网络化方向发展。

目前主流的 CAD 系统有 AutoCAD、SolidWorks、Pro/Engineer、Catia、UG（Unigraphics-NX）以及国内的中望、华天、浩辰、CAXA 等系统。

4. 国内 CAD 技术的发展

我国 CAD 技术的开发和应用起步于 20 世纪 70 年代。1975 年，当时的航空工业部引进了美国洛克希德飞机公司的 CADAM 系统，花费 100 万美元买下了 CADAM 源程序。1977 年三维交互 CAD 软件启动开发，1978 年法国达索飞机公司的 CATIA 系统投入使用。20 世纪 90 年代，我国 CAD 技术的开发与应用进入了较为系统的推广阶段，相继开展了"CAD 应用 1215 工程"和"CAD 应用 1550 工程"，前者重点树立 12 家"甩图板"的 CAD 应用典型企业，后者重点培育 50~100 家 CAD 应用示范性企业，扶持 500 家企业，继而带动 5000 家企业。2011 年，工业和信息化部提出要提高 CAD 应用水平，鼓励相关企业从单纯的 CAD、CAM 向 CAE、虚拟仿真、数字模型方向发展。国产 CAD 软件经过多年发展，出现了一批具有一定规模的软件企业和较成熟的软件产品，如中望 CAD、浩辰 CAD、天正 CAD、CAXA 等系统，在国内具有一定的用户规模。但是，国产 CAD 软件与国外主流 CAD 系统相比还存在多方面的差距，市场份额较低，一些 CAD 关键技术和标准还掌握在国外厂商手中。在当前复杂的国际形势下，如何打破西方垄断，做大做强具有自主知识产权的国产 CAD 系统，培养自己的 CAD 领军人才和企业，培育和发展国产 CAD 产业和市场，是政府部门和社会各界需要高度重视和通力协作的重要课题。

§1.3 CAD 技术的研究和应用领域

CAD 技术是多学科交叉的综合性技术，它既属于学术研究领域，也属于工程应用领域。

1. CAD 技术的研究领域

CAD 研究领域中的主要研究方向包括但不限于：三维物体的描述方法、自动网格剖分、有限元前后处理、参数化设计、特征技术、产品定义方法、消隐算法、色彩处理、动态仿真、科学和工程计算可视化。所涉及的主要学科领域包括：计算机科学与技术、计算数学、机械设计、人机工程、电子技术。

CAD 研究领域在国内外都有专门的学术期刊，每年都定期举办学术会议，发表大量的学术论文。如中国计算机学会主办的"计算机辅助设计与图形学（CAD&CG）学术会议"以及《计算机辅助设计与图形学学报》，中国图学学会主办的《图学学报》，中国力学学会计算力学专业委员会主办的《计算机辅助工程》等。国际学术期刊如 *Computer Aided Design*，*Computer Aided Geometric Design*，*Computers & Graphics*，*IEEE Transactions on Visualization and Computer Graphics* 等。浙江大学设有"计算机辅助设计与图形学"国家重点实验室，华中科技大学、清华大学、北京航空航天大学、大连理工大学等高校也设有专门的 CAD 研究机构。

2. CAD 技术的应用领域

（1）航空和汽车工业

航空和汽车工业是 CAD 技术最早的应用领域，其应用水平高，技术先进。CAD 技术在航空工业领域的早期应用是设计和定义机体表面外形，进行机械加工和数控加工。而在汽车工业领域，CAD 技术早期应用于汽车外观造型设计和制图。

CAD 技术在航空工业领域的标志性成果是波音 777 客机（见图 1-5）的全机无纸化设计，整架飞机采用三维数字模型代替图纸，并采用了并行产品设计开发方法，使设计更改和返工率减少了 50% 以上，装配时出现的问题减少了 50%~80%，制造成本降低了 30%~40%，产品开发周期缩短了 40%~60%，用户交货期从 18 个月缩短到 12 个月，工程设计水平和研发效率得到了巨大的提升。

现代航空和汽车工业 CAD 技术已发展成为 CAD、CAE、CAM、CIM 的"4C"一体化系统。该领域代表性的 CAD 系统有波音公司使用的 CATIA 和通用汽车公司的 UGII。成都飞机公司和长春第一汽车制造厂是国内该领域的 CAD 应用示范单位。

图 1-5　波音 777-200 客机

（2）电子工业

CAD 技术在电子工业的早期应用主要是印刷板和集成电路的制版工作。随着微电子工业技术的发展，CAD 技术也已经成为设计、研制、开发半导体器件及优化集成电路工艺技术所必需的手段，集成了电路工艺计算机模拟和半导体器件特性参数分析计算机模拟等功能。当前 CAD 技术在电子工业中的应用已经发展为高度集成化系统，即集设计、制造和分析于一体的 CAD、CAM、CAE 集成系统，大大缩短了设计周期，提高了经济效益和设计质量。图 1-6 为电路设计 CAD 系统 PROTEL 的界面。

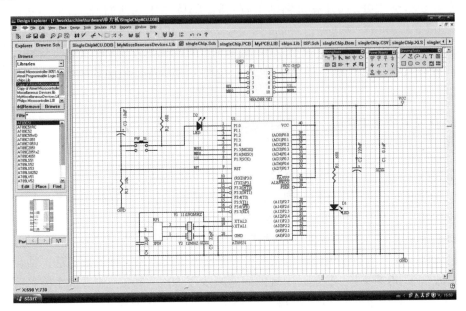

图 1-6 电路设计 CAD 系统 PROTEL 界面

（3）机械制造业

机械制造业是 CAD 技术使用范围最广、用户数量最多的工业领域，但是该领域 CAD 技术的发展起步较晚，实际应用水平参差不齐。CAD、CAM 技术的应用使机械制造业的生产模式发生了很大的改变，极大地减少了人力消耗，提高了生产效率。传统和现代机械加工的典型场景对比如图 1-7 所示。我国机械制造业的 CAD 技术经过多年的发展和推广，

图 1-7 传统机械加工(左)和现代机械加工(右)场景对比

已基本普及了由 CAD 绘图代替绘图板手工绘图的"甩图板"工程。沈阳鼓风机厂和上海宝山钢铁公司是国内该领域的 CAD 应用示范单位。

CAD 技术在机械制造业的早期应用是平面图纸绘图,用以替代传统绘图板的手工绘图,使绘制和修改图纸的工作量大大降低,并提高了设计精度和质量。随着 CAD 三维造型、参数化设计和特征建模技术的发展,机械 CAD 也进入了三维数字化建模的发展阶段,设计自动化水平得到进一步提高。为适应新时期机械行业多品种、小批量以及迅速变化的市场需求,CIMS 系统得到了快速发展和应用。典型的 CIMS 系统组成如图 1-8 所示,其中包含横向的产品物流和环状的信息流。产品物流(见图 1-8 中虚线框)从原材料库直至产品销售系统,其核心是机械加工中心(见图 1-9)。信息流由 CAD 设计系统、产品模型数据库、原材料库、刀具及模具库、监控中心和销售系统通过网络连接而成,以实现数据、信息共享和交换。

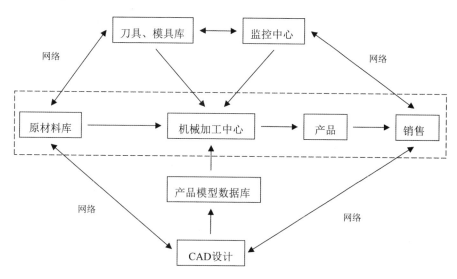

图 1-8 典型 CIMS 系统的组成

图 1-9 机械加工中心

（4）土木建筑业

CAD 技术在土木建筑业也得到了广泛的应用，其应用特点是行业细分，各专业领域都有各自专门的 CAD 系统。例如，规划中的土质数据库、地域信息、地理信息、城市政策信息、规划信息分析、景观表现、交通规划辅助等系统；设计中的结构形式选择、结构分析与设计、绘图、材料计算、日照分析等系统；施工中的投标报价，施工调查，施工组织，设计人员、器材和资金调配，具体施工及项目工程管理，验收等系统；维护管理中的上下水管线图管理系统等。

（5）其他行业

当前，CAD 技术已深入人们日常生活的各个方面，如玩具、制衣（服装设计 CAD）、电影、动画、广告、飞行员训练、虚拟现实技术等等，都离不开 CAD 技术的支撑。

（6）AutoCAD 的行业解决方案

Autodesk 公司在各工程领域也推出了相应的行业解决方案和 AutoCAD 系列产品，如：AutoCAD Architecture（建筑结构）、AutoCAD Civil 3D（土木工程）、AutoCAD Electrical（电气工程）、AutoCAD P&ID（计算机辅助工艺绘图）、AutoCAD Plant 3D（三维工厂设计）、AutoCAD Map 3D（地理信息系统，Geographic Information System，GIS）、AutoCAD Mechanical（机械工程）、AutoCAD MEP（设备与管道工程）等等。

详情可查阅 Autodesk 公司网站。

3. CAD 技术在有限元分析中的应用

有限元分析通过将连续体离散为特定单元（如二维的三角形、四边形单元，三维的四面体、六面体单元）来近似求解受力物体的位移（变形）、应力和内力等信息，是计算力学中最重要的数值分析方法，在科学研究和工程领域中有广泛应用。典型的有限元分析过程包括有限元前处理、有限元分析和有限元后处理三个部分，如图 1-10 所示。早期的有限元分析程序多采用 FORTRAN 语言编程，在命令行环境中使用。用户需手工编写输入数据文件，建立有限元模型，运行有限元程序，得到输出数据文件，读取输出数据文件，分析

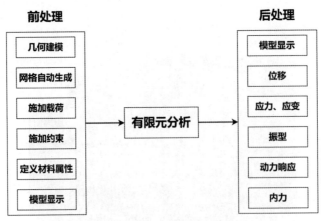

图 1-10　典型有限元分析过程

结果。这种应用方式早已不适应现代大规模有限元分析的需求。现代有限元分析已和 CAD 技术密不可分，CAD 技术在有限元分析中的应用主要集中在有限元模型化和可视化两个方面。

　　有限元模型化是指建立有限元模型的过程，是有限元前处理的主要工作，典型的有限元模型化包括：建立分析对象的几何模型，在几何模型上生成有限元结点和网格，定义分析对象的材料属性，定义外载荷，定义边界约束。此外，有限元模型化有时还包括模型归并和简化、模型数据优化等工作。当前主流的有限元软件的有限元模型化工作均是在 CAD 系统(或集成 CAD 系统)中完成的，这些 CAD 系统有的是自主开发的，有的则采用商业 CAD 软件。由于计算机硬件技术的迅速发展以及有限元分析程序的日趋成熟，统计表明有限元分析中模型化所花费的时间和资源远大于有限元分析花费的，模型化已成为目前有限元分析技术推广的一个瓶颈，而 CAD 技术的发展无疑将直接促进有限元模型化效率的提升。

　　有限元分析中采用格式数据文件进行输入输出的方式已逐渐被淘汰，工程师越来越依赖于 CAD 系统来建立有限元模型和理解有限元分析结果。有限元分析的可视化可分为前端可视化和后端可视化两个阶段。前端可视化是为用户提供一个直观的有限元模型生成环境和信息正确性检查功能，后端可视化则使用户能直观方便地观察和使用计算结果，而 CAD 技术是可视化的主要技术基础。图 1-11 为北京大学力学与工程科学系开发的通用有限元分析软件 SAP84(www.sap84.com)的前处理软件 GIS 的界面，其中的有限元模型为北京国家植物园温室。图 1-12 为有限元软件 ANSYS 的图形界面，图 1-13 为该软件的有限元网格剖分实例。

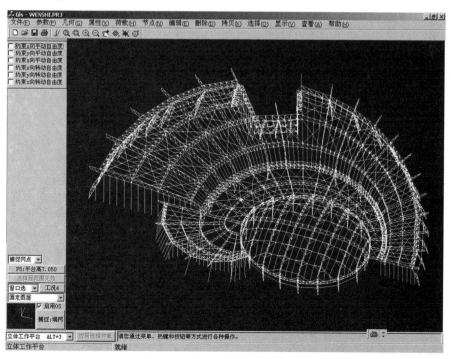

图 1-11　SAP84 的前处理软件 GIS 的界面

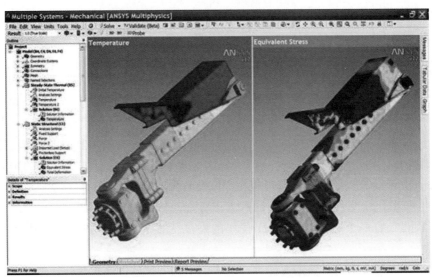

图 1-12　有限元软件 ANSYS 的图形界面

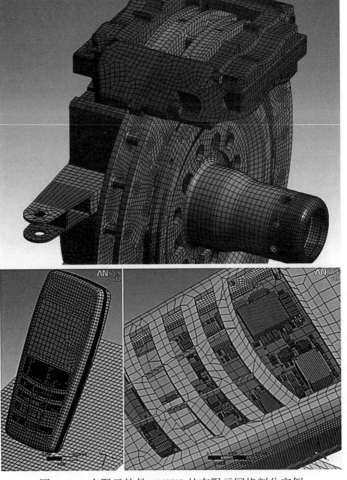

图 1-13　有限元软件 ANSYS 的有限元网格剖分实例

　　另一类有限元软件则是基于商业 CAD 软件平台的二次开发，如采用 ObjectARX 技术开发的基于 AutoCAD 平台的有限元分析软件 AutoFEM（www. autofem. com），见图 1-14。图 1-15 是北京大学工学院颗粒填充研究室采用 ObjectARX 技术开发的基于 AutoCAD 平台的颗粒填充(堆积)软件 AutoPacking(www. autopacking. net)。

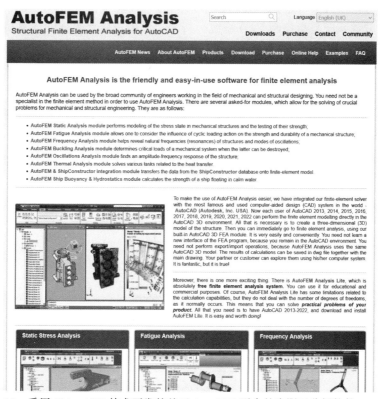

图 1-14　采用 ObjectARX 技术开发的基于 AutoCAD 平台的有限元分析软件 AutoFEM

图 1-15　采用 ObjectARX 技术开发的基于 AutoCAD 平台的颗粒填充软件 AutoPacking

§1.4　CAD 硬件系统

CAD 系统可以定义为一系列硬件和软件的集合，也就是说 CAD 系统包括硬件系统和软件系统两部分。硬件系统包括一切可以触摸到的物理设备，是实现 CAD 系统各项功能的物质基础。软件系统是指控制 CAD 系统运行并提供用户交互界面的计算机程序和文档。本章将在 §1.4 和 §1.5 节中分别介绍 CAD 硬件和软件系统。

1. CAD 硬件系统的组成

CAD 硬件系统由主机和外围设备组成，见图 1-16。主机包括 CPU(Central Processing Unit，中央处理器)、GPU(Graphics Processing Unit，图形处理器)、内存、主板、电源等。外围设备由外存储设备、输入和输出设备组成。随着计算机硬件性能的快速发展，现今的 CAD 硬件系统与普通工作站、PC(Personal Computer，个人计算机)的差别越来越小，仅在输入、输出方面还有一些专用设备，如数字化仪和绘图仪。

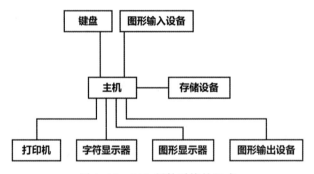

图 1-16　CAD 硬件系统的组成

2. 计算机主机

计算机主机是控制和指挥整个系统运行，进行数据处理，执行实际运算和逻辑分析的装置，是 CAD 硬件系统的核心部分。计算机主机的核心部件是 CPU、GPU 和内存。

CPU 的性能决定着计算机的数据处理能力、运算速度和精度。CPU 性能通常用每秒可执行的指令数量或进行浮点运算的速度来衡量，其单位是 MIPS(Million Instructions per Second，每秒处理 100 万条指令)和 GIPS(Giga Instruction per Second，每秒处理 10 亿条指令)。实际也常用 CPU 的时钟频率(主频)来表示其运算速度，相对而言，时钟频率越高运算速度越快。此外，字长也是 CPU 性能的重要指标，字长是指 CPU 在一个指令周期内提取并处理的二进制数据的位数。字长位数越多，表示 CPU 一次处理的数据量越大，运算性能越好。目前 CPU 常见的字长有 32、64、128、256 位。

近年来，由于 GPU 在并行计算方面的优势，CAD 系统不但在图形渲染中支持 GPU 加速，有些系统还支持 GPU 并行数值计算，这显著提升了 CAD 系统的性能，也是对 CPU 计算能力的有效补充。因此，可以预见 GPU 在未来 CAD 硬件系统中的重要性会日趋增加。

GPU 通常集成在图形显示卡(显卡)内,图形显示卡可以分为独立显卡(单独的电路板插在主板的 PCI(Peripheral Component Interconnect,外设部件互连标准)插槽中使用)、集成显卡(集成在主板上)和核芯显卡(集成在 CPU 封装内)三类。

内存(内存储器)是存放运算程序、计算数据和计算结果等内容的记忆装置。它与外存储器不同,当内存断电时内存中的数据就会丢失。内存的数据存取速度远高于外存储器。内存容量越大,计算机能储存和处理的信息量就越大。

3. 工作站和 PC 机

工作站和 PC 机是目前 CAD 硬件系统的主流配置。随着计算机硬件技术水平的迅速发展,现今工作站和 PC 机的性能已足够满足一般 CAD 系统对硬件的需求,CAD 应用可以和其他应用运行在同一硬件平台上。对于从事 CAD 应用的工作站和 PC 机,应选择运算和图形处理能力较强的机型。

工作站是指面向专业应用领域并具有强大的数据运算、图形图像处理和网络通信功能的交互式计算机系统。工作站通常配备高性能 CPU 和 GPU、高分辨率的大屏和多屏显示器、大容量的内存储器和外存储器以及高速网络。工作站的应用领域包括 CAD、CAE、CAM、动画制作、科学计算和可视化、软件开发、金融管理、信息服务、模拟仿真等。按照软、硬件平台来区分,工作站可以分为两类:一类是基于 RISC(Reduced Instruction Set Computer,精简指令集计算机)处理器架构、采用 UNIX 操作系统的 UNIX 工作站;另一类是基于 Intel 处理器架构,采用 Windows 等系列操作系统的 PC 工作站。

UNIX 工作站使用 PowerPC、SPARC、Alpha 等 RISC 处理器或 Intel 至强 XEON、AMD 皓龙处理器。UNIX 工作站采用的 UNIX 操作系统具有可靠性高、安全性强和数据库支持功能强大等优点,但是 UNIX 系统通常与特定的硬件相对应,如 Oracle Solaris 运行在 SPARC 平台上,HP-UX 运行在 HP 的 PA-RISC 处理器平台上,IBM AIX 则运行在 IBM 的 Power PC 架构之上,不同系统之间的兼容性很差,因此在很大程度上限制了 UNIX 系统的广泛应用。

PC 工作站使用高性能的多核 Intel 或 AMD 处理器,配以专业图形显卡和高性能的内、外储存以及网络,运行 Windows、Linux 或 Mac OS 操作系统,能够很好地满足 CAD 等专业软件的需要。由于 PC 工作站采用标准、开放和兼容的系统平台,因此使用成本较低、升级换代速度较快。

随着计算机硬件的飞速发展,PC 机的硬件配置和性能指标与工作站的差别逐渐减小。目前主流的 CPU 和 GPU 已足够运行常见的 CAD 软件,如 AutoCAD、SolidWorks 等。但是对于复杂的工程设计和分析及三维建模、渲染等应用应尽量选择高配置的 PC 机。

展望未来,随着云技术的发展和普及,CAD 中复杂的计算任务可由远程服务器承担,而用户端的设备仅承担图形显示和用户交互任务,因此用户端硬件设备的要求将显著降低,甚至普通手机和平板电脑也可以完成 CAD/CAE 的设计和分析任务。

4. 外围设备

计算机的外围设备是外存储器和输入、输出设备的统称。

　　外存储器适合长久保存大量数据，但其读写速度一般远慢于内存。外存储器包括硬盘、软盘、磁带、光盘、闪存(U 盘)、移动硬盘等。目前机械硬盘和固态硬盘是主流的计算机外存储器，固态硬盘读写速度快但成本较高，容量相对较小。

　　输入设备在 CAD 系统中是输入、绘制、编辑图形和文字的工具，主要包括定位设备、数字化仪和图像输入设备。

　　定位设备主要用于控制屏幕光标并确定其位置，包括鼠标、键盘、图形输入板和触控笔、触摸屏等。

　　数字化仪是将图像或图形中的连续模拟量转换为离散数字量的装置。使用者在电磁感应板上移动游标到指定位置，将十字叉的交点对准数字化的点位并按动按钮，数字化仪则将此时对应的命令符号和该点的位置坐标值排列成有序的一组信息传送给 CAD 系统，如图 1-17 所示。

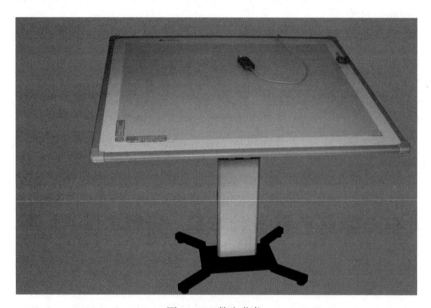

图 1-17　数字化仪

　　图像输入设备包括扫描仪、数码相机、CT(Computed Tomography，计算机断层扫描)设备等。通过图像输入设备，输入的图像经矢量化、模式识别和三维重建等图像处理后可以直接得到二维和三维对象的数字化模型，从而大幅减少了绘制图形和三维建模的工作量，是 CAD 系统十分重要的输入手段。

　　CAD 系统的输出设备用于输出图形和文字信息，包括字符和图形显示器、打印机、绘图仪等。

　　显示器是 CAD 系统最常用的输出硬件设备，主要用于图形和文字的显示和人机交互。CAD 系统一般采用大尺寸屏幕、高分辨率的液晶显示器，有些专业的 CAD 系统还分别配备图形和字符显示器。

　　打印机和绘图仪均用于在纸上输出图形、绘制图纸。目前主流的打印机按照不同的工作原理可分为激光打印机和喷墨打印机两类，是计算机的通用输出设备，幅面大小通常为

A4 和 A3。绘图仪一般用于较大幅面的图纸输出，是专用的 CAD 设备，幅面大小从 A3 到 A0。绘图仪从形式上可分为平板式绘图仪和滚筒式绘图仪两类，分别如图 1-18 和 1-19 所示。

图 1-18　平板式绘图仪

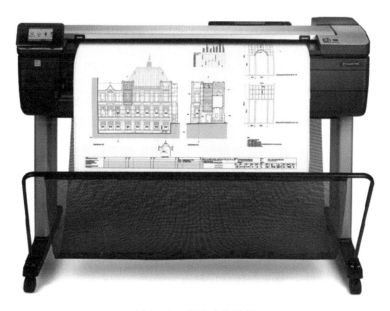

图 1-19　滚筒式绘图仪

§1.5　CAD 软件系统

软件指计算机的逻辑部分，它是以某种表示方式(计算机语言)来说明某个特定问题在计算机中被解决的过程。用某种语言来说明的这个解决问题的过程称为程序。软件是指程序及相应的文档。在计算机辅助设计中，我们把用户完成设计任务所需的计算机软件资源的全体叫作 CAD 软件系统。CAD 软件系统包括系统软件、支撑软件和应用软件。

1. 系统软件

系统软件一般包括计算机操作系统、编译系统和服务性软件。

（1）操作系统

操作系统是一组软件，它对计算机硬件和软件资源进行统一管理，对整个计算机系统起到监控、管理、调度和指挥的作用。操作系统的核心由进程管理、存储管理、设备管理、文件管理和作业管理五个部分组成。CAD 平台的操作系统主要有 Windows、Unix、Linux 和 Mac OS 系统。

（2）编程语言和编译系统

① 机器语言

机器语言由计算机的基本指令组成，全部用二进制代码表示。用机器语言编写的程序能被计算机的电路直接识别和执行，因此机器语言具有最高的运行效率。但不同的计算机有各自不同的机器语言，机器语言在不同的计算机平台之间很难移植，而且机器语言的指令不便于辨认和记忆，用它编写的程序很难被阅读和理解。

② 汇编语言

汇编语言是在机器语言的基础上改进的，它采用一些便于记忆的字符来表示机器的操作码、操作数地址等。汇编语言的优点是结构紧凑、运算效率高，但它也依赖于机器。如：

机器语言 000011　11000011

汇编语言 ADD AX BX

③ 汇编程序

计算机的硬件只能识别机器语言的指令，所以用汇编语言编写的程序要通过计算机自动翻译转换成机器语言。把汇编语言编写的源程序翻译转换成机器语言的过程是由汇编程序（又称汇编器）来实现的。源程序（Source Code）经过翻译转换成机器语言的程序，即目标程序（Object Code）。一般汇编程序要经过两遍扫描。

④ 高级语言

高级语言是一整套更接近自然语言的标记符号系统。它严格地规定了这些符号的表达格式、结构和意义，以便对计算机的执行步骤进行描述。高级语言不依赖于计算机的结构和机器指令，它以通用性强且便于记忆的顺序来编制程序。常见的高级语言有 C/C++、C#、Java、Python、Basic、Pascal、FORTRAN 等。

⑤ 编译程序

用高级语言编写的源程序，与汇编语言一样不能直接被计算机理解，而要经过处理转换为机器语言指令以后才能被计算机理解并执行，这个过程叫作编译，用来完成这个转换过程的程序叫作编译程序或编译器（Compiler）。编译后形成目标程序模块（obj 文件）。

⑥ 装配程序（链接程序）

在一个大的程序中，有些程序块是独立编译的，有些程序块是程序库中的标准程序或标准子程序，还有些程序块是用其他语言编写的，这些程序块需要装配在一起组成一个可运行的目标程序后才能被计算机执行。这个过程就是由装配程序(Linker)来完成的。装配程序的任务是将几个分别编译或汇编的目标程序模块(obj 文件)装配链接成一块，形成可以运行的可执行程序(exe 文件)。

（3）服务性软件

服务性软件又称实用软件(Utility Program)，它是为用户对计算机进行操作和维护提供方便的程序。这类软件通常包括机器的监控管理程序、故障检查程序、测试诊断程序及各种子程序库。

2. 支撑软件

随着计算机在各个领域中应用水平的提高，许多应用软件的功能越来越强，程序的规模和复杂性也随之增加。一个有一定规模的应用软件，除了要实现本专业的各种计算、处理以外，还要开发大量的数据管理、格式控制、图形界面等方面的程序模块或子系统，开发这些模块或子系统的工作量有时甚至超过专业程序本身的开发工作量。

支撑软件(Support Software)是指这样一些为应用软件的开发者提供一系列服务的开发工具，从而减少软件开发工作量，缩短开发周期，也使应用软件更加易于修改与维护。

CAD 系统的支撑软件涉及以下几方面：

- 基本图形元素生成程序，包括点、线、图、文字、弧、填充块等
- 图形编辑功能程序，包括移动、复制、缩放、删除、插入等
- 用户接口
- 三维几何造型系统，包括线框造型(Wireframe Modelling)、表面造型(Surface Modelling)和实体造型(Solid Modelling)
- 数据库及其管理系统
- 数值分析和计算程序库，如线性方程组和非线性方程组求解、数值微分和数值积分、函数插值和拟合、微分方程和偏微分方程求解等
- 网络通信系统

3. 应用软件

应用软件是指在系统软件、支撑软件的基础上，针对某一专门领域应用而开发并具有特定功能的软件。如模具设计 CAD、集成电路设计 CAD、服装设计 CAD 等。商业 CAD 软件往往集成了多个专业领域的子系统。

面对具体工程应用时，CAD 应用软件的选配可以有三种方式，应根据具体情况加以选择：

（1）购买成套或单一的商品 CAD 系统

优点是质量可靠，服务完善，操作方式为人们所熟悉，有大量的资源可利用；缺点是可能并不满足行业的特殊需要。

（2）自主开发专业软件

优点是专业适应性好，可根据要解决的问题灵活调整；缺点是开发和维护工作量大，操作方式需要用户适应。

（3）商业 CAD 软件的二次开发

优点是可以利用这些商业 CAD 软件提供的函数库来减少开发和维护的工作量，同时其操作方式也为用户所熟悉。采用二次开发可以拓展商业软件的应用范围和能力，解决特定的行业问题。缺点是依赖于商业 CAD 软件，增加了用户采购成本，且当商品化软件升级时二次开发软件的升级和维护也需要相当的工作量。

习　题　一

1. 简述 CAD、CAE、CAPP 和 CAM 的概念。
2. 简述 CAD 技术诞生的几个标志性事件。
3. 简述 CAD 硬件和软件发展的主要阶段。
4. 简述典型的有限元分析过程，什么是有限元模型化？
5. 简述 CAD 硬件系统的组成，CAD 硬件有哪些专用设备？
6. 简述 CAD 系统选配的三种方式以及各自的优缺点。

第二章 AutoCAD 基本操作

本章主要介绍 AutoCAD 的基本二维绘图和三维建模操作，也涉及尺寸标注和参数化图形设计。通过本章的学习可以熟悉 AutoCAD 平台功能，具备基本的工程绘图和建模能力，同时为后续的二次开发打下基础。本章以 AutoCAD 2022 版为平台介绍 AutoCAD 的基本操作，本章所涉及的 AutoCAD 命令的详细操作和全部参数可参考 AutoCAD 帮助（HELP 命令）。

§2.1 AutoCAD 简介

AutoCAD 是美国 Autodesk（欧特克）公司始于 1982 年开发的计算机辅助设计软件，至今已有 40 多年的发展历史，用于二维绘图、详细绘制、设计文档和三维建模。AutoCAD 凭借其强大的功能和易用的界面使其拥有广大的用户群体和众多的应用领域，是目前国际上最流行的商业 CAD 软件之一。与同时期大多数 CAD 软件都基于 UNIX 系统不同，AutoCAD 自诞生之日起就一直追随微软公司的操作系统（DOS 和 Windows）和开发平台（Microsoft 编译器）。伴随着微软公司在 PC 市场的巨大成功，AutoCAD 也成功占据了 CAD 领域（特别是二维 CAD 领域）的领导地位。AutoCAD 的文件格式和操作方式已成为事实上的行业标准。AutoCAD 在二次开发环境和接口开放方面也是业界标杆，支持多种开发平台和编程语言，提供功能强大的函数库和众多的技术及数据接口。

1. AutoCAD 的版本

Autodesk 公司于 1982 年 12 月推出了 AutoCAD 的第一个版本 1.0 版。其载体为一张 360 kB 的软盘，无菜单界面，命令需要记忆，执行方式类似 DOS 命令。1984 年 AutoCAD 发行了 2.0 版本，绘图能力有了大幅度的提升并且改善了硬件兼容性。1999 年起，AutoCAD 的版本号改为年份形式（一般在前一年发行），版本每年更新一次，每两年有较大的平台更新。

AutoCAD 发展历史中其他几个较重要的版本及特性有：

- R3.0（1987），增加了三维绘图功能，并首次增加了 AutoLISP 编程语言，提供了二次开发工具
- R9.0（1988），出现了状态行和下拉式菜单，AutoCAD 开始加密销售
- R12 for DOS/Windows（1992），强化了实体造型功能，提供了基于 C 语言的二次开发工具 ADS
- R13C1 for Windows3.1，R13C4 for Windows95（1994），具有 Windows 风格界面
- R14（1997），采用面向对象的图形数据库，提供了基于 C++ 的二次开发工具 ObjectARX

- R2000（1999），R2000i（2000），支撑多文档，提供了完善的 Internet 功能
- R2006（2005），提供了基于 .net 技术的二次开发工具 AutoCAD.net
- R2010（2009），提供了参数化设计工具

2. AutoCAD 的主要特点

- 友好的用户界面：菜单、工具栏、快捷按钮、对话框、在线帮助等
- 完善的绘图功能：二维绘图、三维建模、尺寸标注、文字及样式、线型、图层等
- 强大的编辑手段：修改、删除、移动、复制、阵列等
- 灵活的显示方式：多视窗、多视角、图形渲染、光源和材料库、截面图等
- 丰富的二次开发环境：LISP、Visual Basic、ADS、ObjectARX、.net 等
- 较强的数据交换能力：支持 DXF、IGES、ACIS、STL 等格式文件
- 完善的网络功能和跨设备互联式设计

3. AutoCAD 2022 的系统要求

- 操作系统：64 位 Windows 10（不支持 32 位系统）
- CPU：基本要求 2.5~2.9GHz 处理器，建议 3.0GHz 以上处理器
- 内存：基本要求 8GB，建议 16GB
- 显示器分辨率：1920×1080，支持 4K 显示器 3840×2160
- 硬盘空间：10GB
- .NET Framework：4.8 或以上版本

4. AutoCAD 免费教育版

Autodesk 教育计划对中学和大学的学生和教师提供 Autodesk 软件和服务（不仅限于 AutoCAD）的一年免费教育版使用权。符合条件的学生和教师还可以按年续展访问权限。

认证教育版使用权限和下载 AutoCAD 软件的步骤如下：

（1）打开网页 https：//www.autodesk.com.cn/education/home，注册账号并登录以获取教育版软件，如图 2-1 所示；

图 2-1　注册账号并登录后获取教育版产品

（2）点击图 2-2 中的"快速入门"按钮，申请认证教育版使用权限；

（3）可使用学生证(卡)、教师工作证(卡)的拍照照片作为证明材料，认证教育版使用权限，也可提交其他替代证明材料；

图 2-2　申请认证教育版使用资格

（4）下载教育版 AutoCAD，按照安装向导安装，并登录账号以完成激活，见图 2-3。

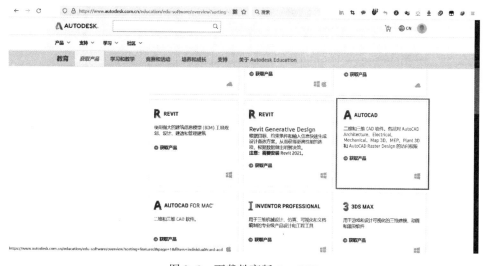

图 2-3　下载教育版 AutoCAD

§2.2　绘制二维图形

本节主要介绍 AutoCAD 的入门知识、坐标系的设置与使用以及二维实体的绘制。

1. AutoCAD 入门

（1）AutoCAD 的界面

启动 AutoCAD 后进入系统界面，界面主要由绘图窗口、下拉菜单、工具栏、命令行窗口和状态栏组成。早期的 AutoCAD 2002 界面如图 2-4 所示，其按钮工具栏位于窗口左侧。AuoCAD 2022 的界面如图 2-5 所示，其按钮工具栏位于窗口上部，下拉菜单默认隐藏，增加了浮动的视角工具栏。

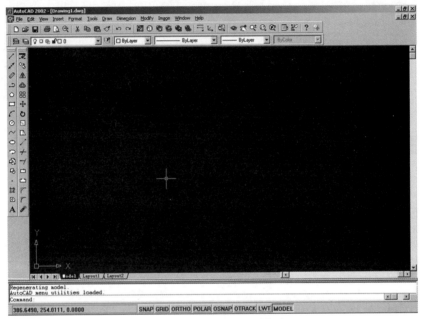

图 2-4　AutoCAD 2002 界面

图 2-5　AutoCAD 2022 界面

（2）界面设置

点击窗口左上角的"A"下拉菜单，再点击"选项"按钮，或直接在命令行输入"OP"，AutoCAD 将弹出"选项"对话框。在"选项"对话框的"显示"页中可以设置背景颜色和窗口配色方案等参数，如图 2-6 所示。

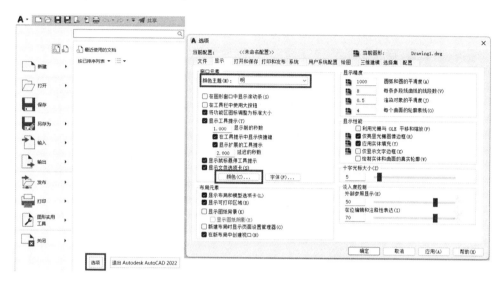

图 2-6　AutoCAD 2022 的界面设置选项

AutoCAD 2022 按钮工具栏的默认显示方式为"选项卡"状态，也可以选择"面板按钮"或"面板标题"状态显示工具栏以减少工具栏占用的屏幕面积，获得更大的绘图区域。如图 2-7 所示。

（3）执行命令的三种方式

AutoCAD 命令可以用三种方式执行：

- 在按钮工具栏点击工具按钮
- 在下拉菜单中选择相应的菜单，主菜单的显示和隐藏操作见图 2-8，AutoCAD 2022主菜单中的"绘图"菜单结构和选项见图 2-9
- 在命令行窗口中输入命令

（4）常用命令

- ERASE，删除实体
- PAN，移动视窗
- ZOOM，图像缩放
- LIST，实体查询

2. 坐标系统的设置与使用

绘制图形时使用适当的坐标系可以有效地提高绘图精度和效率。因此，在学习绘图命令前需要先熟悉 AutoCAD 的坐标系和坐标输入方式。AutoCAD 坐标系包括世界坐标系和用户坐标系。

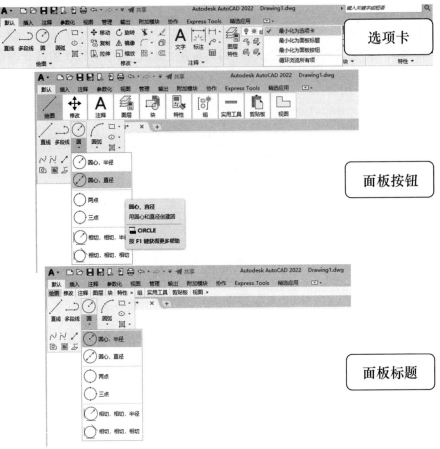

图 2-7　按钮工具栏的三种状态

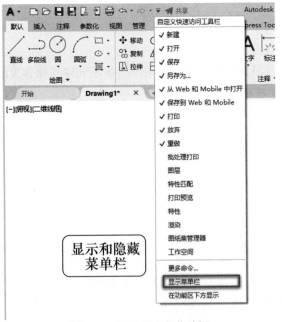

图 2-8　显示和隐藏菜单栏

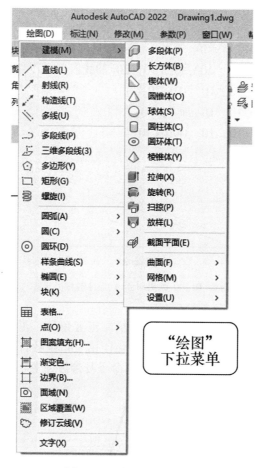

图 2-9 "绘图"下拉菜单

WCS(World Coordinate System，世界坐标系)为 AutoCAD 的默认坐标系，其 X 轴表示水平方向，正方向向右，Y 轴表示竖直方向，正方向向上，坐标原点为 X 轴与 Y 轴的交点，位于绘图窗口的左下角。Z 轴垂直于 X 轴与 Y 轴构成的平面，其正向可用右手规则来判定。

UCS(User Coordinate System，用户坐标系)的坐标原点和坐标轴方向可根据用户的要求设置，但其三个坐标轴永远保持相互垂直。可用 UCS 命令设置用户坐标系。

AutoCAD 中坐标输入方式可以分为：绝对坐标(相对于坐标原点的坐标)、相对坐标(相对于参考点的坐标，以@符号开头)。

绝对坐标和相对坐标有以下四种坐标输入形式。

(1)直角坐标：可以用分数、小数或科学记数法等形式输入点的 X、Y、Z 坐标，坐标值间用逗号分开。

(2)极坐标：用相对于原点或参考点的距离及与 X 轴正向夹角(度)来表示点的位置，用"<"号分隔距离和夹角，图 2-10 给出了一个相对极坐标的例子。

(3)球面坐标：主要应用于三维空间，是极坐标的推广，它用三个参数来描述位置，即距原点距离<在 *XY* 平面内与 *X* 轴的夹角<与 *XY* 平面的夹角。

（4）柱面坐标：也应用于三维空间，用三个参数来描述位置，即距原点距离<在 *XY* 平面内与 *X* 轴的夹角，*Z* 轴的坐标值。

例如，绘制一条从点(10，10)到点(10，20)的线段，可以用：

绝对直角坐标 LINE　 10，10　 10，20；

相对直角坐标 LINE　 10，10　 @0，10；

相对极坐标　 LINE　 10，10　 @10<90。

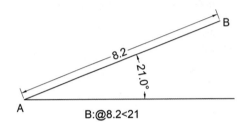

图 2-10　*B* 点相对于 *A* 点的相对极坐标

图 2-11 给出了一个相对极坐标的应用：绘制正五角星。正五角星五个顶点处的内角为 36°，采用相对极坐标描述顶点位置可以避免使用三角函数计算顶点坐标，因此无须任何计算就可以精确地绘制正五角星图形。绘制命令及参数如下：

图 2-11　相对极坐标的应用：绘制正五角星

```
Command：LINE
From point：点选最左侧第一个点
To point：@1000，0
To point：@1000<216
To point：@1000<72
To point：@1000<288
To point：C
```

3. 二维实体的绘制

绘图操作也可由相应的工具按钮或菜单项执行，以下仅介绍实体绘制的 AutoCAD 命令。

（1）点与直线的绘制

绘制点和直线的相关 AutoCAD 命令如下：

- POINT，绘制点
- DIVIDE，绘制定数等分点，椭圆的定数等分点如图 2-12 所示
- MEASURE，绘制定距等分点
- DDPTYPE，点的形状和尺寸，其对话框如图 2-13 所示
- LINE，绘制线段或折线，参数"C"封闭折线，参数"U"取消最后输入
- XLINE，绘制构造线，两端无限延伸
- RAY，绘制射线，一端无限延伸

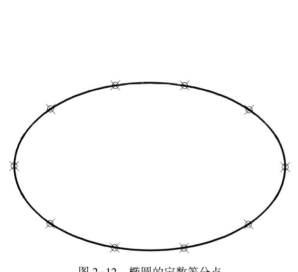

图 2-12　椭圆的定数等分点

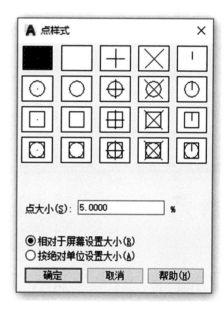

图 2-13　"点样式"对话框

（2）圆与弧的绘制

绘制圆的命令为 CIRCLE，其绘制方式有六种：

- 输入圆心和半径画圆
- 输入圆心和直径画圆
- 用两点画圆 2P
- 用三点画圆 3P
- 用两个相切对象与一半径画圆 TTR
- 相切于三个对象的圆

绘制圆弧的命令为 ARC，其绘制方式有十种：

- 起点、第二点、端点
- 起点、圆心、端点
- 起点、圆心、角度
- 起点、圆心、长度
- 起点、端点、角度
- 起点、端点、方向
- 起点、端点、半径
- 圆心、起点、端点
- 圆心、起点、角度
- 圆心、起点、长度

（3）多段线的绘制

二维多段线（或多义线，Polyline）是由多个线段和圆弧组成的统一实体对象。二维多段线可以由不同宽度、不同线型的直线段或圆弧段构成，是一个整体对象，可以当作一个实体进行各种处理，图 2-14 显示了等宽度和变宽度多段线的例子。

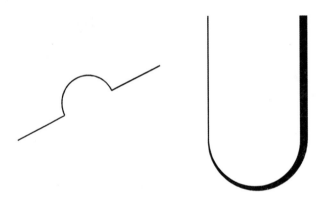

图 2-14　等宽度（左）和变宽度（右）多段线

绘制二维多段线命令为 PLINE，其命令的参数有：

- Arc，画弧
- Close，封闭多段线
- Half width，设定多段线的宽度
- Length，设定线段的长度
- Width，改变线宽
- End point of Line，线的终点

绘制三维多段线的命令为 3DPOLY，三维多段线只能由空间中的直线段组成。

（4）实心圆与圆环的绘制

绘制圆环的命令为 DONUT，命令参数为圆环的内径、外径和圆心。当圆环的内径为 0时，圆环退化为实心圆，如图 2-15 所示。可以用填充命令 FILL 和重生成命令 REGEN 控制圆环内部的填充。

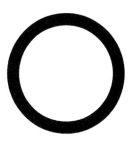

图 2-15 实心圆(左)和圆环(右)

(5) 矩形和多边形的绘制

- 绘制矩形命令为 RECTANG，可选择倒角类型
- 绘制多边形(3~1024 边正多边形)的命令为 POLYGON
- 绘制多边形的三种方式：边长方式、外接圆方式、内切圆方式，如图 2-16 所示

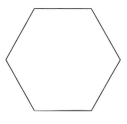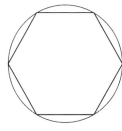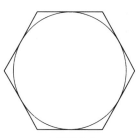

边长方式 外接圆方式 内切圆方式

图 2-16 绘制多边形的三种方式

(6) 椭圆和椭圆弧的绘制

绘制椭圆或椭圆弧的命令为 ELLIPSE，椭圆有五种绘制方式：

- 设定椭圆的长、短轴
- 设定椭圆的长轴及旋转角度(通过绕长轴旋转定义椭圆的长轴短轴比例)
- 设定椭圆的圆心及两轴半径
- 设定椭圆的圆心、长轴半径及旋转角度
- 设定圆心与半径画等轴圆

(7) 样条曲线的绘制

样条曲线是经过或接近影响曲线形状的一系列点的平滑曲线，为三次多项式的 NURBS 曲线，如图 2-17。绘制样条曲线命令是 SPLINE。

(8) 面域和边界

绘制面域命令为 REGION。面域是具有物理特性(如质心)的二维封闭区域，可以从形成闭环的对象创建面域。闭环可以是封闭某个区域的直线、多段线、圆、圆弧、椭圆、椭圆弧和样条曲线的组合。可以通过面域的布尔运算(合并、相减或相交)来创建新的面域。

绘制边界命令为 BOUNDARY，可由封闭区域创建面域或边界多段线，可指定封闭区

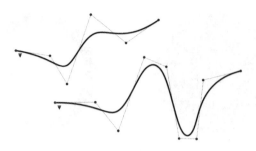

图 2-17　样条曲线

域的内部点来自动分析边界。

§2.3　文本及其样式

1. 输入和编辑文本

在绘制图形的过程中经常需要用文本标注来传达特定信息。当标注文本不太长时，可以用 TEXT 命令创建单行文字；当需要标注较长、较复杂的文本时，可以用 MTEXT 命令创建多行文字。

（1）输入单行文字

单行文字的输入命令为 TEXT，命令的选项有：

- Justify，确定文字位置
- Style，选定文字样式
- Start point，确定文字的开始点，左对齐
- Height，设定文字高度
- Rotation angle，设定文字旋转角度

（2）输入多行文字

多行文字的输入命令为 MTEXT，该命令执行后 AutoCAD 界面将变为文字处理界面(类似 Word 界面)，可直观地编辑文本和样式，如图 2-18。

（3）特殊字符的输入

有些不能用键盘输入的符号要使用控制码来输入，如要输入"±0.05"，则应输入"%%P0.05"，常用的控制码见表 2-1。

（4）多行文字中的堆叠

- 正斜杠 (/)：以垂直方式堆叠文字，由水平线分隔
- 磅字符 (#)：以对角形式堆叠文字，由对角线分隔
- 插入符 (^)：创建公差堆叠(垂直堆叠，且不用直线分隔)

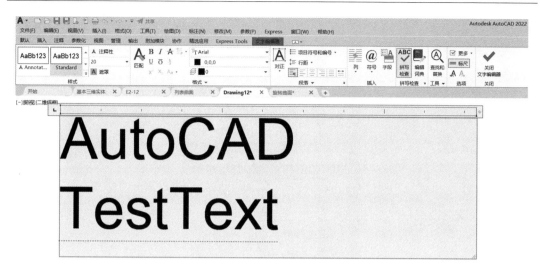

图 2-18　多行文字输入对话框

表 2-1　特殊字符的控制码

特殊字符	控制码	备注
%	％％％	百分比符号
±	％％P	公差符号
—	％％O	上画线
—	％％U	下画线
Φ	％％C	直径符号
°	％％D	角度
ASCII 字符	％％nnn	nnn 为 ASCII 码的十进制值

（5）编辑文本

编辑文本命令为 DDEDIT，命令会按照文本输入方式进入 TEXT 或 MTEXT 编辑界面。

（6）修改文字属性

修改文字属性的命令为 PROPERTIES，或在文本处点击鼠标右键，在弹出菜单中选择"特性"。在"特性"对话框中可以修改文本的所有参数，见图 2-19。

（7）拼写检查器

拼写检查器命令为 SPELL。

2. 设置文本样式

实际应用中可能对文本参数有特殊要求，如字体名、字体样式、字体大小等。为避免反复设置字体参数，可以预先定义文本的样式，将特定参数记录在样式中。以后在输入文本时只需指定样式即可使用预先设定的文本样式参数。文本样式的参数包括文本字体、字体样式、高度、宽度系数、倾斜角、反向、倒置、垂直等。

图 2-19　"特性"对话框中的文字属性

设置文字样式的命令是 STYLE，命令会启动"文字样式"对话框，点击"新建"按钮，输入样式名称即可新建文字样式，在"文字样式"对话框可以设置该样式的参数，如图 2-20 所示。

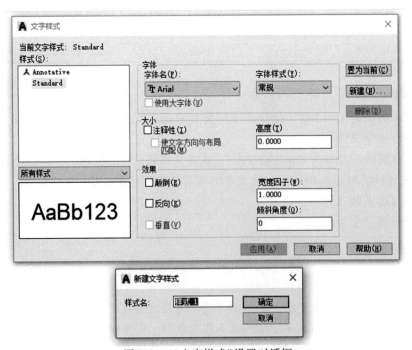

图 2-20　"文字样式"设置对话框

§2.4　绘图设置

1. 图形单位和精度的设置

设置图形单位和精度的命令为 UNITS。图形单位包括长度单位和角度单位，通过"图形单位"对话框设置，如图 2-21 所示。

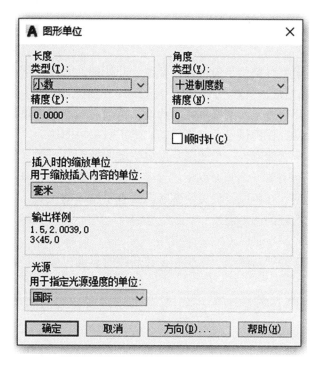

图 2-21　"图形单位"设置对话框

（1）长度单位有（以 15.5 为例）：
- 科学记数法，1.55E+01
- 小数记数法，15.50
- 工程记数法，1′–3.50″
- 建筑记数法，1′–3 1/2″
- 分数记数法，15 1/2

（2）角度单位有（以 45° 为例）：
- 十进制度，45.0000
- 度/分/秒，45d0′0″
- 百分度，50.0000g
- 弧度，0.7854r
- 勘测单位，N 45d0′0″ E

2. 绘图边界的设置

设置绘图边界可以使绘图工作只在有效的矩形区域内进行。设置绘图边界的命令为 LIMITS，"开"和"关"选项控制绘图边界检查的打开和关闭。打开边界检查后，绘图边界将可输入的坐标限制在矩形区域内，可防止坐标的误输入。绘图边界还决定能显示网格点的绘图区域、ZOOM 命令的"比例"选项显示区域和 ZOOM 命令的"全部"选项显示的最小区域。打印图形时，也可以指定绘图边界作为打印区域。

3. 图层的设置

（1）图层的概念

在实际工程中，模型对象总是包含许多必须分开处理的元素，例如机械零件图有轮廓线、中心线、剖面线、标注、文字、图框、标题等，建筑结构图有不同的楼层布局和结构，有限元模型图有几何边界、网格单元、约束、荷载、结点号、单元号等。对这些不同作用的图形元素，AutoCAD 提供了一个很好的归类工具——图层。

图层的概念可以这么理解：一个图形是由多张透明的图纸所组成的，每一张图纸上都可以绘制图形对象，透明图纸之间可以相互参考，各层图纸之间完全对齐，用户可以给每一图层指定不同的线型、颜色以及设置绘图状态。有了这样的工具，用户就可以在不同的图层上分别绘制不同类别的图形对象。

（2）"0"层

"0"层是 AutoCAD 的默认图层，该层在创建新图时自动生成，并且不能被删除。

（3）当前层

当前层是所有图层中最上面的一层，是当前绘图所使用的图层，默认的当前层是"0"层。

（4）图层属性

- 显示开关（"关"时不显示该层上的实体，"开"时则显示）
- 冻结（冻结图层不参与运算，不可见，不能设定为当前层）
- 锁定（锁定图层可显示，但不能被修改）
- 图层颜色
- 图层线型

（5）图层设置

图层设置命令为 LAYER，该命令将启动"图层特性管理器"对话框，如图 2-22 所示。在对话框中可以新建图层、删除图层、设置当前层以及设置图层属性。在"图层"工具栏中也有图层列表和图层设置工具按钮。-LAYER 命令是命令行形式的图层命令。

4. 绘图颜色、线型和线宽的设置

颜色的设置命令为 COLOR，该命令将启动 AutoCAD 颜色对话框，如图 2-23 所示，在颜色对话框中可以设置绘图颜色。AutoCAD 中每种颜色都有对应的颜色号，在输入颜色时既可输入颜色名称，也可输入颜色号。7 种标准颜色名称及对应的颜色号为：1 红、2 黄、

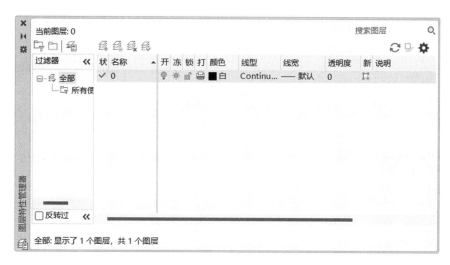

图 2-22　"图层特性管理器"对话框

3 绿、4 青、5 蓝、6 洋红、7 白/黑。其他颜色与其对应的颜色号可以在 chroma.dwg(在 AutoCAD 2022 安装目录的 support 子目录中)图中查询。

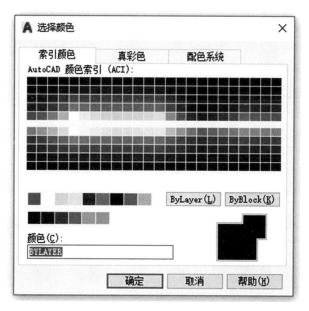

图 2-23　设置颜色对话框

线型的设置命令为 LINETYPE，该命令将启动"线型管理器"对话框，如图 2-24 所示。默认的线型是细实线。如果当前线型列表中没有所需的线型，可以点击"加载"按钮，加载线型文件中的线型，如图 2-24。默认的线型文件是 acadiso.lin。也可以在"特性"工具栏中的颜色和线型列表中选择当前绘图的颜色和线型。

线宽的设置命令为 LINEWEIGHT，该命令将启动"线宽设置"对话框，如图 2-25 所

图 2-24　"线型管理器"对话框

示。在"线宽"列表中选择需要的线宽。如需在图形中显示线宽，应在"线宽设置"对话框
中选择"显示线宽"选项。注意：AutoCAD 2022 只能显示 0.30 毫米及以上的线宽。也可以
在"特性"工具栏中的线宽列表中选取线宽。

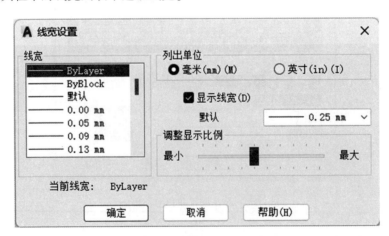

图 2-25　"线宽设置"对话框

5. 捕捉和栅格

在捕捉状态下，光标的移动不再连续，只能落在网格点上。如此可以使鼠标精确定位

于网格点，对含有大量水平和垂直线段的图形，绘图效率将有显著的提升，如图 2-26 所示。

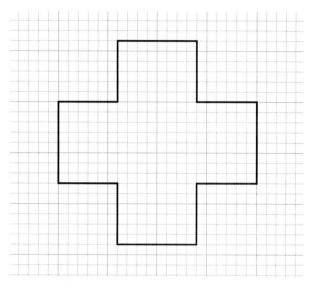

图 2-26　在捕捉和栅格模式下绘图

（1）捕捉设置命令为 SNAP，其参数如下所列。
- 捕捉间距：网格点间距
- 捕捉状态(开/关)：打开或关闭捕捉，或点击右下角状态栏中的"捕捉模式"开关（F9）
- 传统：指定"是"将导致旧行为，光标将始终捕捉到捕捉栅格；指定"否"将导致新行为，光标仅在操作正在进行时捕捉到捕捉栅格
- 纵横向间距：在 X 和 Y 方向指定不同的间距
- 捕捉样式：标准或等轴侧
- 捕捉类型：极坐标或矩形捕捉

（2）栅格设置命令为 GRID，在绘图区域显示格点，可显示由 SNAP 命令设置的网格，其参数如下所列。
- 栅格间距：栅格点间距
- 纵横向间距：沿 X 和 Y 方向更改栅格间距，可具有不同的值
- 栅格状态(开/关)：打开或关闭栅格，或点击右下角状态栏中的"显示图形栅格"按钮(F7)
- 捕捉状态：将栅格间距设置为由 SNAP 命令指定的捕捉间距
- 图形界限：显示超出 LIMITS 命令指定区域的栅格

（3）正交命令为 ORTHO，该命令约束光标只能在水平方向或垂直方向移动。

（4）草图设置命令为 DSETTINGS。启动"草图设置"对话框可进行捕捉和栅格设置（见图 2-27），以及对象捕捉（见图 2-28）和三维对象捕捉设置（见图 2-29）。

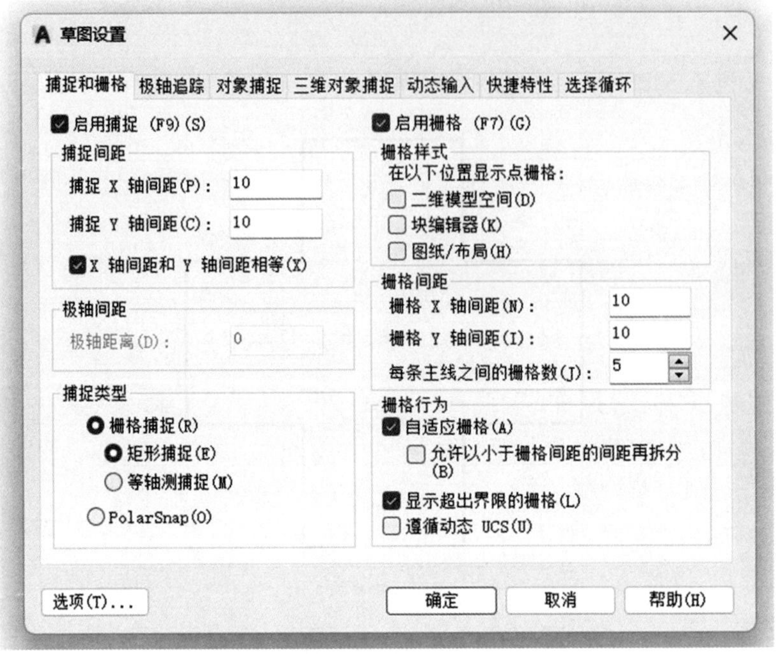

图 2-27　“草图设置”对话框及捕捉和栅格设置

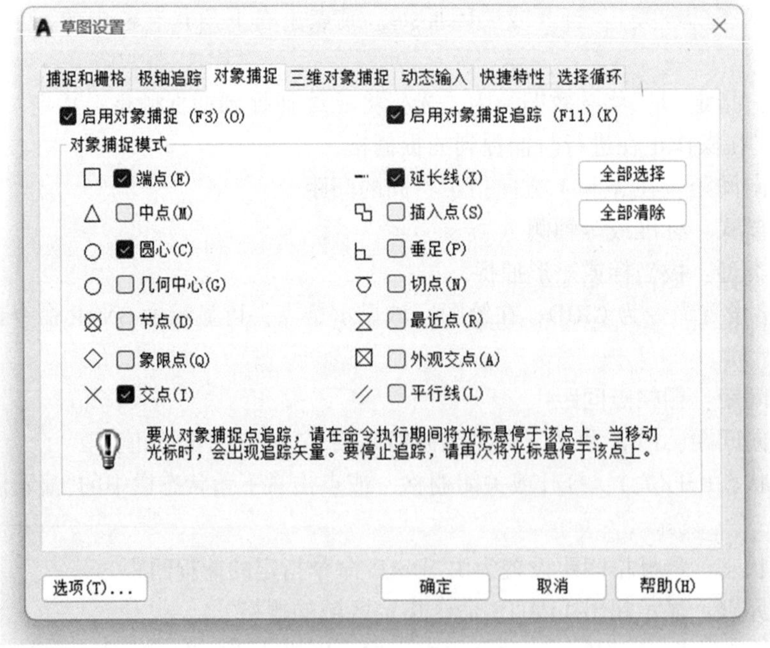

图 2-28　对象捕捉设置

6. 对象捕捉

对象捕捉命令为 OSNAP。命令将启动"草图设置"对话框的"对象捕捉"页，见图 2-28。也可以在右下角状态栏中"对象捕捉"按钮处点击鼠标右键，在弹出菜单中设置捕捉模式。三维特殊点的对象捕捉可在"草图设置"对话框中"三维对象捕捉"页中设置，如图 2-29 所示。

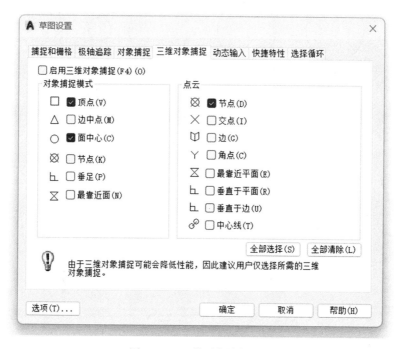

图 2-29　三维对象捕捉设置

在绘图过程中，经常要用到一些特殊点以及这些特殊点的坐标值，如圆心、交点、切点、线段中点和端点等（见图 2-30）。如果用光标直接拾取这些特殊点往往会产生误差，而通过计算获得这些特殊点的精确坐标将带来较大的计算量。如图 2-31 所示的例子，在线段中点和圆的圆心与切点之间绘制三角形，需要精确定位中点、圆心和切点。为此，AutoCAD 提供了目标捕捉功能，只要指定特殊点的类型，就可以通过捕捉框方便而又准确地捕捉到这些特殊点。目标捕捉点的类型既可通过"草图设置"对话框事先指定，也可在命令操作中输入关键词（仅需前三个字母）来临时指定。临时指定方式只能捕捉一种特殊点，可以避免因几种特殊点距离很近而产生的捕捉错误。常用的特殊点对应的关键词有：

- CENter，中心点
- ENDpoint，端点
- INTersection，交点
- MIDpoint，中点
- TANgent，切点

- QUAdrant，象限点

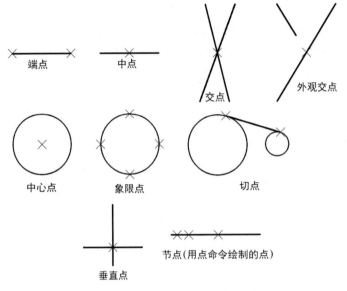

图 2-30　对象捕捉的特殊点类型

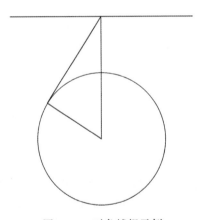

图 2-31　对象捕捉示例

§2.5　显示控制和绘图查询

1. 模型空间和图纸空间

（1）模型空间（Model Space）

模型空间是默认的绘图空间，绘制二维、三维图形以及尺寸标注和文字注释，都在模型空间中完成。

（2）图纸空间（Paper Space）

在图纸空间中，用户可以安排、注释和绘制图形对象的各种视图，每幅视图都可以展现物体的不同部分或从不同视点来观察。

模型空间和图纸空间可以通过 AutoCAD 窗口左下角的"模型"和"布局"页来切换。

2. 重画和重新生成

（1）重画命令为 REDRAW ，该命令不重新计算实体数据，命令的执行速度相对较快。

（2）重新生成命令为 REGEN，该命令重新计算实体数据，命令的执行速度相对较慢。

3. 视图缩放

视图缩放命令为 ZOOM，该命令的选项有：

- All，显示全部图形
- Center，中心缩放
- Dynamic，动态缩放
- Extents，最大比例显示
- Previous，重现前一次
- Scale（X/XP），比例缩放
- Window，窗口缩放

4. 平移视图

平移视图命令为 PAN，或者点击右侧视角工具栏中的手形按钮。

5. 视图

视图命令为 VIEW，在"视图管理器"对话框中可以选择特定视图来观察三维模型，如图 2-32 所示。

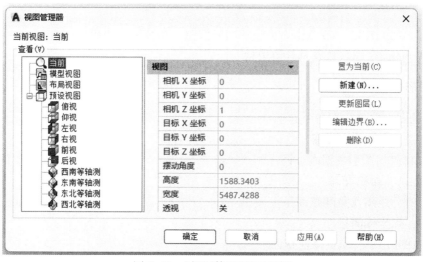

图 2-32　"视图管理器"对话框

6. 多视窗显示

多视窗显示命令为 VPORTS。在"多视窗显示"对话框中可以将当前窗口分为若干子窗口，在子窗口中可以分别显示同一个三维模型的不同视角图，以便更直观地了解三维实体的外形，如图 2-33 所示。

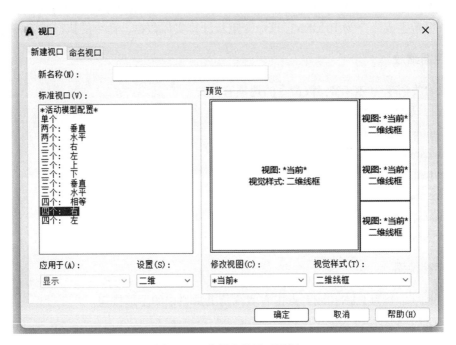

图 2-33　多视窗设置对话框

7. AutoCAD 帮助系统

帮助命令为 HELP，或点击右上角的问号按钮。在帮助系统界面(见图 2-34)中可以查询 AutoCAD 的命令和参数以及其他信息。

8. 图形查询

常用的图形信息查询命令如下：
- LIST，实体信息查询
- DBLIST，图形数据库查询
- AREA，面积查询
- DIST，距离及角度查询
- ID，点坐标测量
- MASSPROP，质量特性查询
- TIME，时间查询
- STATUS，图形总体信息查询

图 2-34　AutoCAD 2022 帮助系统

§2.6　图形编辑

1. 实体的选择

选取实体是 AutoCAD 最常用的操作之一，许多命令都需要先选取实体来确定操作对象。

（1）实体选择

实体选择命令为 SELECT，实体选取的方式有：

- 点选，选择单个实体
- Window，矩形窗口
- WPolygon，多边形
- Cross，交叉窗口
- CPolygon，交叉多边形
- Fence，栅栏
- Last，选择最后绘制的实体
- Previous，选择先前的对象组中的实体
- Group，选择 GROUP 命令定义的对象组

- All，图形内的所有实体
- Undo，取消上次的选择
- 扣除方式和加入方式

（2）实体筛选

实体筛选命令为 QSELECT，该命令将启动"快速选择"对话框，见图 2-35。QSELECT 命令有较强的实体筛选功能，可以按实体类型和特性筛选当前图形中的实体。

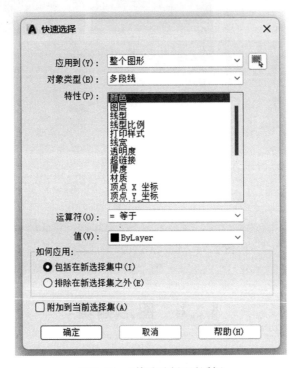

图 2-35　"快速选择"对话框

2. 实体的删除与恢复

- ERASE，删除命令
- OOPS，恢复被删除的实体命令
- UNDO，取消命令
- REDO，重新运行命令

3. 实体的复制

实体的复制命令有以下几种：
- COPY，拷贝命令
- MIRROR，镜像命令
- OFFSET，偏置命令
- ARRAY，阵列命令

- ARRAYRECT，矩形阵列命令
- ARRAYPOLAR，环形阵列命令
- ARRAYPATH，路径阵列命令

阵列可分为矩形阵列、路径阵列和环形阵列三种类型，如图 2-36 所示。

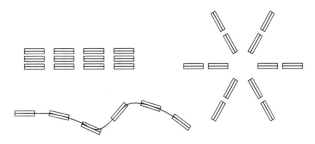

图 2-36　矩形阵列(左上)、路径阵列(左下)和环形阵列(右)

4. 改变实体的位置及大小

- MOVE，移动命令
- ROTATE，旋转命令
- ALIGN，平移旋转命令
- SCALE，比例变换命令
- LENGTHEN，加长尺寸命令

5. 改变实体的形状及特性

- STRETCH，拉伸命令
- EXTEND，拓展命令
- FILLET，圆角命令
- CHAMFER，倒角命令
- BREAK，断开命令
- TRIM，裁剪命令
- CHANGE，改变命令
- MODIFY，改变特征命令

§2.7　图块和填充

1. 图块

图块是 AutoCAD 提供的辅助绘图中一种非常有用的图形实体，常用于固化复杂的图形。图块是由一组实体组合成的复杂实体对象，这组实体因相对位置被固化在块中而成为一个整体，用户可根据需要将此块插入到图形中的任意位置。

（1）图块的定义

定义图块的命令为 BLOCK，该命令将启动"块定义"对话框，如图 2-37 所示。在对话框中通过设置图块的名称、基点和实体对象来定义图块。

图 2-37 "块定义"对话框

（2）图块的存盘命令 WBLOCK。

（3）图块的调用

● INSERT，插入图块命令

● MINSERT，图块阵列命令

● DIVIDE，MEASURE，沿实体等分点调用图块命令，图 2-38 给出了一个沿椭圆周长等分点调用图块的例子

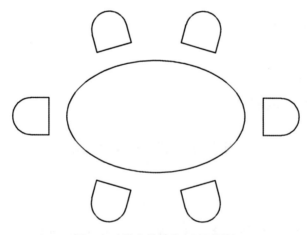

图 2-38 沿实体等分点调用图块

- EXPLODE，块的分解命令，将图块分解为组成该图块的一组实体

2. 填充

填充是指使用图案填充、实体填充、渐变填充等方式对封闭区域或选定对象进行填补，填充命令为 HATCH。绘图中常用填充命令绘制剖面线。

该命令执行后，AutoCAD 工具栏变为填充工具栏，见图 2-39。在填充工具栏中可以设置填充边界、填充图案、填充图案比例、填充颜色以及其他参数。可以通过指定边界实体或指定封闭区域内一点的方式来设置填充边界。

图 2-39　填充工具栏

§2.8　尺寸标注

图形的主要作用是反映物体的形状，而物体各部分的形状、实际尺寸以及确切的相互位置需要通过尺寸标注才能表现出来。只有尺寸标注正确，所绘制的图形才有实际意义。

1. 尺寸标注的组成

尺寸标注主要由标注文字、尺寸线、尺寸界线、尺寸箭头和符号组成，如图 2-40 所示。

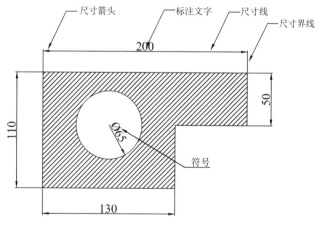

图 2-40　尺寸标注的组成

2. 尺寸标注的基本方法

（1）综合标注命令 DIM

DIM 命令使用单个命令创建多个标注和标注类型，支持的标注类型包括：
- 垂直、水平和对齐的线性标注
- 坐标标注
- 角度标注
- 半径和折弯半径标注
- 直径标注
- 弧长标注

DIM 命令也可以点击图 2-41 中工具栏的"标注"按钮来执行，其他标注命令可以点击工具栏的"线性"下拉列表，在列表中选择对应的工具按钮来执行，也可以在主菜单的"标注"菜单(见图 2-41)中选择相应的菜单项来执行。以下仅介绍标注的命令行命令。

图 2-41　尺寸标注的工具按钮和菜单

（2）自动长度标注命令 DIMLIN

自动长度标注可以进行水平标注、垂直标注和旋转标注，如图 2-42 所示。

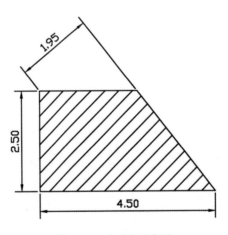

图 2-42　自动长度标注

（3）对齐长度标注命令 DIMALI

对齐长度标注可以标注平行于边界的尺寸长度，如图 2-43 所示。

（4）基线标注命令 DIMBASE

所谓基线标注，就是一个图形对象的不同部分的尺寸，均以一个统一的基准线为标注的起点，所有的尺寸线都以该基准线为标注的起始位置，如图 2-44 所示。

（5）连续标注命令 DIMCONT

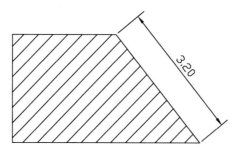

图 2-43　对齐长度标注

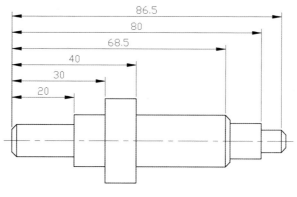

图 2-44　基线标注

　　连续标注是将一个图形上不同部分的尺寸以边界处的尺寸起点为标注的起始位置，其他部分的尺寸连续进行标注，如图 2-45 所示。

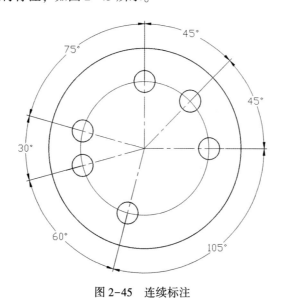

图 2-45　连续标注

（6）直径标注命令 DIMDIA 及半径标注命令 DIMRAD（见图 2-46）

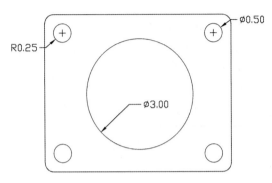

图 2-46　直径和半径的标注

（7）角度标注命令 DIMANG（见图 2-47）

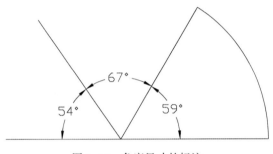

图 2-47　角度尺寸的标注

（8）点的坐标标注命令 DIMORD（见图 2-48）

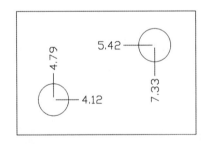

图 2-48　点的坐标标注

（9）旁注线标注命令 LEADER 和形位公差标注命令 TOLERANCE（图 2-49 给出了一个旁注线和形位公差标注的例子）

3. 尺寸标注样式

尺寸标注中的参数较多，国内外的相关标准和规范不一，不同行业和单位对尺寸标注也都有一些特殊要求。为避免在绘图时反复设置标注参数，提升标注工作的效率和通用

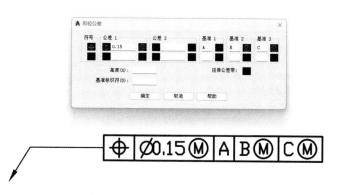

图 2-49　旁注线和形位公差标注

性，可以把尺寸标注参数固定在尺寸标注样式中，在标注尺寸时只需引用预先设定的标注样式，即可绘制出符合特定规范的尺寸标注。

　　AutoCAD 中创建和编辑标注样式的命令为 DDIM 或 DIMSTY。这两个命令都将启动"标注样式管理器"对话框，如图 2-50 所示。默认的标注样式是 ISO-25，一般不要直接修改默认标注样式，而是创建自己的新标注样式。点击"新建"按钮，在"创建新标注样式"对话框（见图 2-51）中输入新样式的名称，如"Test"，新样式将继承基础样式 ISO-25 的样式参数。点击"继续"按钮，将启动样式参数设置对话框，如图 2-52 所示，在对话框中可以设置所有的标注参数，如在对话框中的"主单位"页把小数分隔符改为"."（句点）。点击"确定"即可创建新标注样式"Test"，同时在"标注样式管理器"中的样式列表中可以看到新建的标注样式"Test"，在以后的绘图中可以设置"Test"为当前标注样式进行尺寸标注。

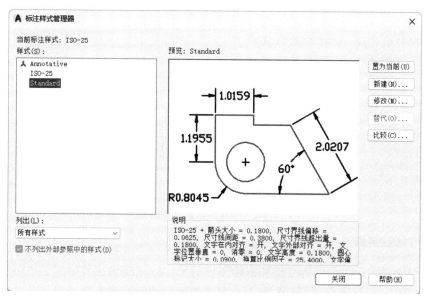

图 2-50　"标注样式管理器"对话框

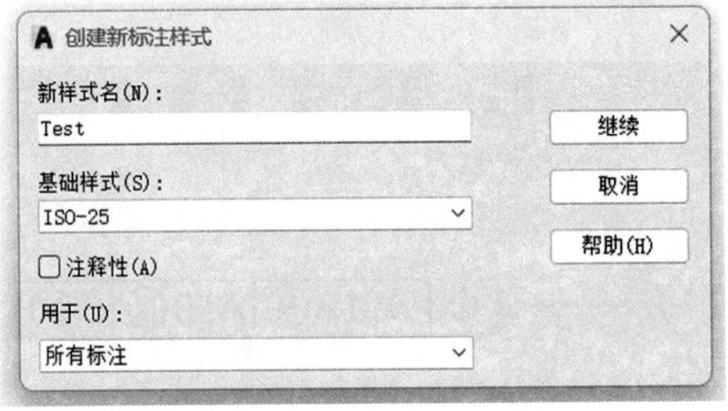

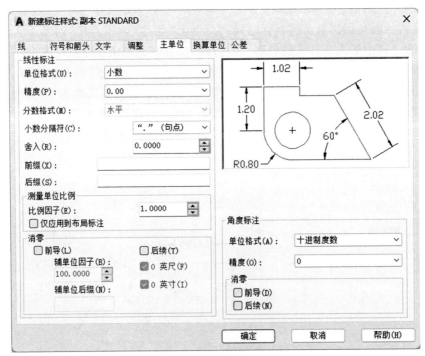

图 2-51　"创建新标注样式"对话框

如需对标注样式中的参数进行修改，输入 DDIM 或 DIMSTY 命令，在"标注样式管理器"对话框中选择要修改参数的标注样式，再点击"修改"按钮即可进入图 2-52 所示的样式参数设置对话框进行参数修改。

图 2-52　样式参数设置对话框

4. 尺寸标注实例

图 2-53 和图 2-54 分别为二维和三维图形的尺寸标注实例，其中图 2-53 的标注实例作为习题二第 10 题供读者进行标注练习，其中长度尺寸的标注需要设置公差方式。

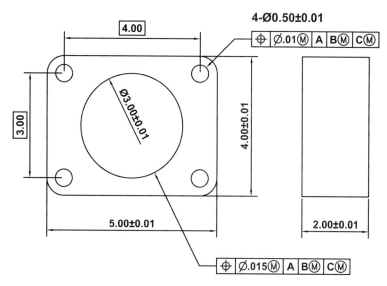

图 2-53　二维图形尺寸标注实例

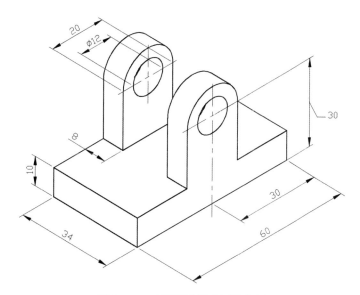

图 2-54　三维图形尺寸标注实例

§2.9　参数化图形设计

参数化图形设计是指通过对图形施加几何约束和标注约束，使图形中各元素的相对位置和相对尺寸固定，从而可以用少量参数来控制复杂图形的自动生成。在产品的迭代设计中，参数化设计可以极大地减少人工计算和绘图的工作量，从而有效地提高设计效率和自动化水平。AutoCAD 自 2010 版开始提供参数化设计工具，目前主流的 CAD 软件均支持图形的参数化，但对于包含复杂计算和逻辑判断的参数化设计还需要借助二次开发程序。

1. 基本概念

- 参数化图形是在施加约束后由参数驱动的可自动调整的图形
- 约束分几何约束和标注约束两种
- 几何约束控制对象之间的相互位置关系
- 标注约束控制对象的距离、长度、角度和半径等
- 完全约束是指施加几何约束和标注约束，使图形的形状和位置完全固定
- 欠约束是指施加部分约束，但未达到完全约束状态
- 过约束是指存在相互矛盾的约束
- 未约束是指未施加任何约束

2. 施加几何约束

AutoCAD 2022 提供了参数化工具栏，但它是默认隐藏的。在 AutoCAD 工具栏处点击鼠标右键，在弹出菜单中选择"显示选项卡 | 参数化"即可显示参数化工具栏，如图 2-55 所示。

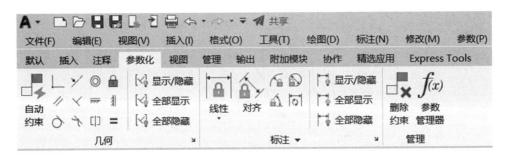

图 2-55　参数化工具栏

施加几何约束既可以选用工具栏中特定的几何约束工具，也可用自动约束功能对图形进行自动几何约束。几何约束的种类及图标见图 2-56。自动几何约束的"S"选项可进行约束设置。注意：自动几何约束有时并不能识别图形中所有的几何约束，需要人工检查来确定是否完全约束图形。

✓ ☑垂直(P)	∥ ☑平行(L)
☰ ☑水平(Z)	∦ ☑竖直(V)
⌒ ☑相切(T)	⌁ ☑平滑(G2)(M)
✓ ☑共线(R)	◎ ☑同心(E)
[]] ☑对称(Y)	= ☑相等(Q)
↧ ☑重合(N)	🔒 ☑固定(F)

图 2-56　几何约束的种类及图标

3. 施加标注约束

可以用参数化工具栏中的标注约束工具来施加标注约束，施加过程类似于尺寸标注。双击标注文字可以设置尺寸标注的变量名称。图 2-57 给出了一个参数化图形的例子，图中显示了施加的几何约束和标注约束。

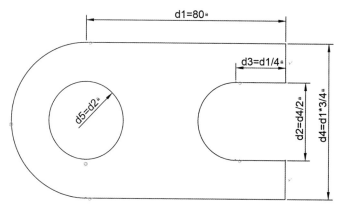

图 2-57　标注约束

4. 关联约束(参数管理器)

图形参数化中的核心步骤是关联约束，即定义尺寸变量(参数)之间的关系式。在参数化工具栏中点击"参数管理器"，或在命令行输入命令 PARAMETERS，可启动"参数管理器"对话框，在"参数管理器"中定义约束关联(关系式)。图 2-58 为"参数管理器"对话框，

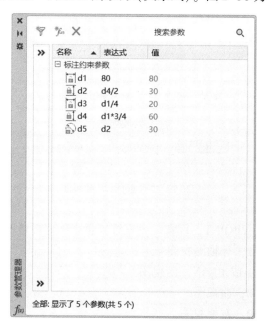

图 2-58　"参数管理器"对话框

其中定义了图 2-57 图形中的参数关系式，参数 d1 为自由变量（设计参数），其他参数 d2~
d5 都可由 d1 通过关系式计算得到。如此，图 2-57 所示的图形在施加和关联约束后成为
单变量 d1 控制的参数化图形。

§2.10　三维建模和编辑

本节主要介绍三维实体的建模和编辑。在 AutoCAD 2022 的工具栏处点击鼠标右键，
在弹出菜单中选择"显示选项卡丨三维工具"，可在当前工具栏中显示三维建模工具栏。或
者在下拉菜单中选择"工具丨工作空间丨三维建模"，可切换至以三维建模工具为主的工
具栏。

1. 观察三维图形

三维实体的几何外形远比二维实体复杂，往往需要从不同视角观察三维实体，以准确
掌握其几何外形。观察三维实体主要有以下几种方法：

（1）视点视角命令 VPOINT，设置 XY 平面内的方位角和与 XY 平面之间的俯仰角来确
定视角，见图 2-59。

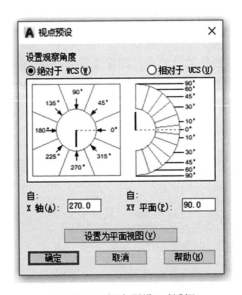

图 2-59　"视点预设"对话框

（2）矢量视角命令 -VPOINT，设置一个三维矢量来确定视角的位置，如：
- -VPOINT 1, 1, 1, 等轴测视图
- -VPOINT 0, 0, 1 或 PLAN, 俯视图
- -VPOINT 0, 1, 0, 前视图
- -VPOINT 1, 0, 0, 右侧视图

（3）动态观察命令 3DORBIT，可以用鼠标拖动来连续旋转和观察三维实体，观察视角

更全面。

（4）视图设置命令 View，在"视图管理器"的"预设视图"列表中选择特定视图观察三维实体，见图 2-32。

2. 视觉样式

视觉样式确定每个三维实体的边界、照明和着色的显示。设置视觉样式命令 VS（VSCURRENT），常用的视觉样式（见图 2-60）有以下几种。

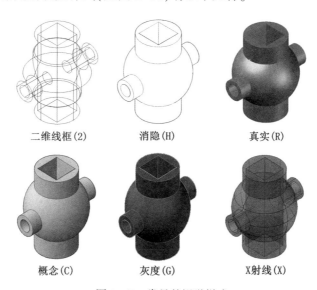

二维线框(2)　　　　消隐(H)　　　　真实(R)

概念(C)　　　　灰度(G)　　　　X射线(X)

图 2-60　常见的视觉样式

- 二维线框、线框：显示用直线和曲线表示边界的对象
- 消隐：显示用三维线框表示的对象并隐藏被实体遮挡的部分
- 真实：着色多边形平面间的对象，使对象的边平滑化，并显示已附着到对象的材质
- 概念：着色多边形平面间的对象，并使对象的边平滑化
- 着色：使用冷色和暖色之间的过渡。效果缺乏真实感，但是可以更方便地查看模型的细节。着色将会产生平滑的着色模型
- 带边缘着色：产生平滑、带有可见边的着色模型
- 灰度：使用单色面颜色模式可以产生灰色效果
- 勾画：使用外伸和抖动产生手绘效果
- X 射线：更改面的不透明度使整个场景变成部分透明

此外，还可以设置光源、材质等使三维实体渲染更加逼真，如图 2-61 所示。

3. 绘制三维曲线

（1）三维多段线命令 3DPOLY

三维多段线是作为单个对象创建的直线段相互连接而成的序列。三维多段线可以不共面，但是不能包含圆弧段，见图 2-62(左)。

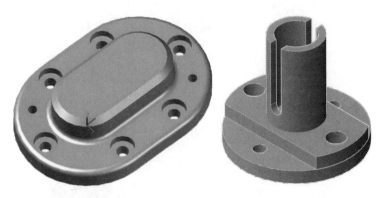

图 2-61　实体渲染

（2）螺旋线命令 HELIX

创建二维螺旋或三维弹簧，见图 2-62（右）。

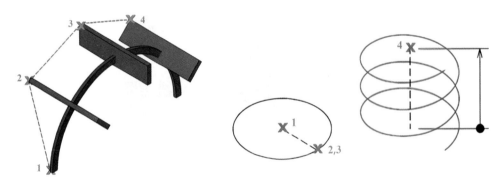

图 2-62　三维多段线（左）和螺旋线（右）

4. 面域沿路径运动生成实体

AutoCAD 中三维实体的建模主要有两类方法，一是将二维面域沿路径运动生成三维实体，二是对基本三维实体或其他实体之间进行布尔运算操作来生成三维实体。第一类建模方法涉及的主要 AutoCAD 命令有以下几种。

（1）延伸命令 EXTRUDE

将封闭区域对象（如二维面域）沿路径延伸生成三维实体，如图 2-63 所示。

（2）扫掠命令 SWEEP

通过沿开放或闭合路径扫掠二维面域来生成三维实体，如图 2-64 所示。

（3）放样命令 LOFT

在若干横截面之间的空间中生成三维实体，如图 2-65 所示。

（4）旋转命令 REVOLVE

通过绕轴旋转二维面域生成三维实体，如图 2-66 所示，旋转角度可在 0～360° 之间取值。

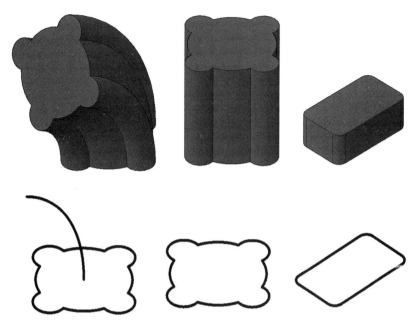

图 2-63 二维面域(下)及其沿路径延伸得到的三维实体(上)

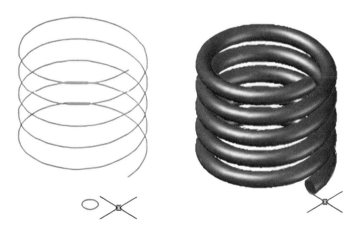

图 2-64 二维面域沿扫掠路径(左)运动得到弹簧实体(右)

图 2-65 放样路径、截面及放样得到的三维实体

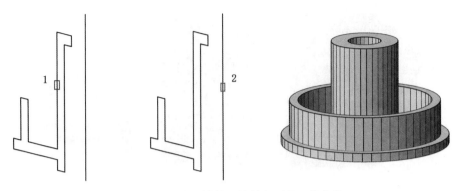

图 2-66　面域、转轴及旋转得到的三维实体

5. 基本三维实体

基本三维实体是最基础的三维图形元素，由基本三维实体可以组成更复杂的三维实体。AutoCAD 2022 中的基本三维实体及其绘制命令有：

- BOX，长方体
- CYLINDER，圆柱体
- CONE，圆锥体
- SPHERE，球体
- TORUS，圆环体
- WEDGE，楔体
- PYRAMID，棱锥体、金字塔
- POLYSOLID，多段体

图 2-67 展示了八种基本三维实体。

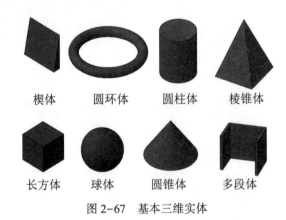

| 楔体 | 圆环体 | 圆柱体 | 棱锥体 |

| 长方体 | 球体 | 圆锥体 | 多段体 |

图 2-67　基本三维实体

6. 三维实体的布尔运算

三维实体可以通过布尔运算得到形状更复杂的实体以逼近真实物体外形。三维实体的

三种布尔运算操作及命令为：
- UNION，并集布尔运算
- SUBTRACT，差集布尔运算
- INTERSECT，交集布尔运算

图 2-68 展示了一个球体和一个圆柱体的并、差、交集布尔运算操作结果。

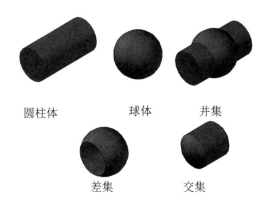

图 2-68　一个球体和一个圆柱体以及它们的并、差、交集布尔运算操作结果

7. 三维实体建模实例

以下给出一些三维实体的建模实例，可供读者练习使用。注意每个例题都有多种建模方法，可分析比较这些方法的复杂程度，选择最简便的方法作图。例 2.4 和 2.5 可自定义尺寸。

例 2.1　三维实体 A

图 2-69 三维实体 A 的各组成基本三维实体的尺寸数据如表 2-2 所示。

表 2-2

名称	直径	高度	端面
圆柱体 1	100	200	
圆柱体 2	50	200	
圆柱体 3	30	200	
方盒 1（长方体）		200	60×60 正方形
球体 1	150		

例 2.2　三维实体 B

三维实体 B 的尺寸和外形见图 2-70，其中高台部分厚度为 20，低台部分厚度为 6。

例 2.3　三维实体 C

三维实体 C 的外形见图 2-71，尺寸见图 2-72。该实体建模较复杂，涉及布尔运算中的交集操作，参考作图步骤如下：

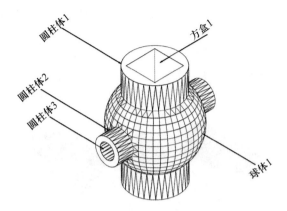

图 2-69　三维实体 A 的等轴测视图

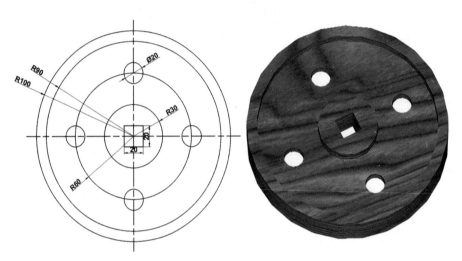

图 2-70　三维实体 B 的尺寸图(左)和渲染图(右),

图 2-71　三维实体 C 的等轴测视图

- 球体($R=90$) $\cap$ 长方体(100，100，180)=实体 1
- 球体($R=100$) $\cap$ 长方体(120，120，200)=实体 2
- 实体 2-实体 1=实体 3
- 实体 3-长方体(120，80，100)-长方体(80，120，100)=实体 4
- 实体 4 上下对分(可用 SLICE 命令)

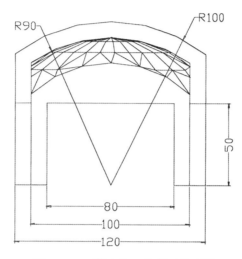

图 2-72　三维实体 C 的剖面尺寸图

例 2.4　三维实体 D(见图 2-73)

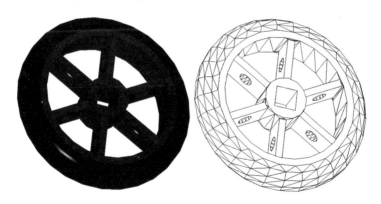

图 2-73　三维实体 D 的等轴测视图

例 2.5　三维实体 E(见图 2-74)

8. 实体剖切与三维操作

实体剖切是观察实体复杂内部结构(带孔洞)的重要方法，AutoCAD 提供的剖切命令 SLICE 和截面命令 SECTION 命令可分别获得剖切后的局部实体和剖切截面，如图 2-75 所示。剖切命令均需要定义剖切面。

图 2-74　三维实体 E 的渲染图

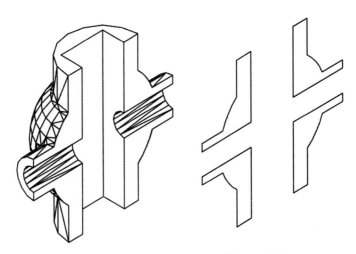

图 2-75　三维实体剖面图(左)和截面图(右)

三维实体也有类似二维的操作命令，如：

- 3DMOVE，三维移动
- 3DROTATE，三维旋转
- 3DARRAY，三维阵列
- MIRROR3D，三维镜像
- 3DALIGN，三维对齐

命令的具体信息可查阅 AutoCAD 帮助。

9. 三维曲面

AutoCAD 三维曲面的构造也类似于三维实体，可以借助基本三维曲面，也可以将曲线沿轨迹运动得到三维曲面。

（1）基本三维曲面，见图 2-76。

（2）列表曲面命令 TABSURF

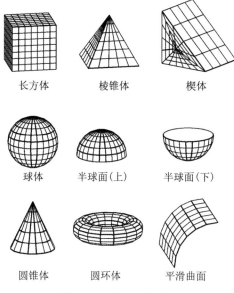

长方体　　　　棱锥体　　　　楔体

球体　　　　半球面（上）　　半球面（下）

圆锥体　　　　圆环体　　　　平滑曲面

图 2-76　基本三维曲面

列表曲面是将一条三维曲线沿某个特定方向矢量平移而形成的曲面。绘制平移曲面之前，必须先绘制出用作平移的轮廓曲线和要沿着其方向平移的方向矢量对象。图 2-77 给出了一个列表曲面示例。

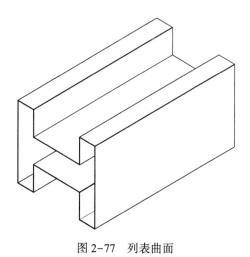

图 2-77　列表曲面

（3）旋转曲面命令 REVSURF

旋转曲面是将一个曲线对象绕一个旋转轴旋转一定角度而形成的曲面，图 2-78 给出了一个旋转曲面示例。

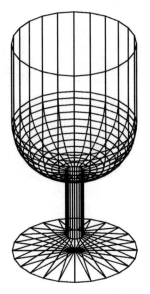

图 2-78　旋转曲面

习　题　二*

1. 如图所示，表盘半径为 100，长刻度为 30，短刻度为 20，长针长 60，短针长 40，指针指向 10 点 10 分位置。试用相对坐标绘制该图形。

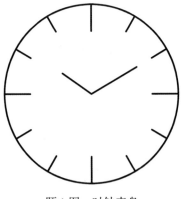

题 1 图　时钟表盘

2. 使用 PLINE 命令画出图示的图形。

---

* 本书中对习题中没有标注尺寸的图形，按照大致的尺寸比例绘制即可。

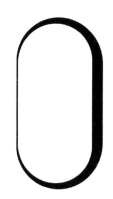

题2图　变宽度多段线图形

3. 使用 CIRCLE、ARC 和 DONUT 命令绘制图示的图形。

题3图　实体组合图形

4. 使用 POLYGON 命令画出边长为 2 并旋转 20°的正六边形，如图所示。

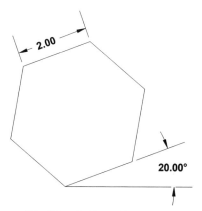

题4图　倾斜 20°的正六边形

5. 使用 ELLIPSE 和 DONUT 命令绘制图示的图形。

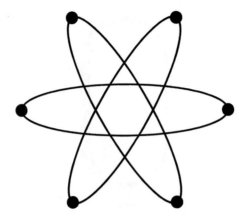

题 5 图　椭圆和实心圆环组合图形

6. 使用 OSNAP 和学过的图形编辑手段绘制图示的自行车图形。

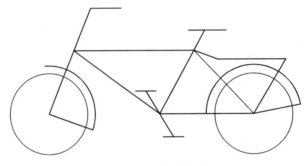

题 6 图　自行车图形

7. 使用已学过的图形编辑手段绘制图示的图形，虚线线型为 DASHED2，中心线线型为 DASHDOT，注意阴影线和不同倒角方式。

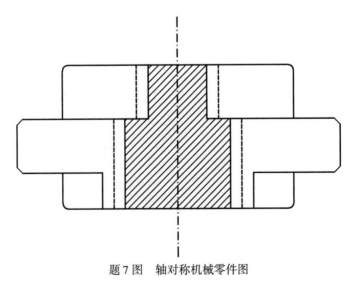

题 7 图　轴对称机械零件图

8. 应用绘图和编辑功能绘制图示的平面布置图，要求：

(1) 用 LIMITS 命令设置合理的绘图范围；

(2) 使用 SNAP 和 GRID 功能辅助绘图；

(3) 设置三个图层，分层绘制：

- FRAME 图层，颜色为黑色，绘制墙体结构
- FURNITURE 图层，颜色为红色，绘制家具
- TEXT 图层，颜色为蓝色，写文字

(4) 预先设置一个 STYLE，字体为黑体，大小自定，用此 STYLE 输入文本；

(5) 尽量利用所学手段，简化绘制过程。

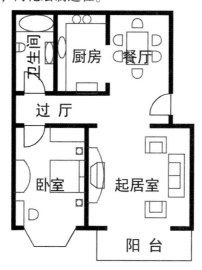

题 8 图　建筑设计平面布置图

9. 按图示所标注尺寸绘制零件图，并标注尺寸。

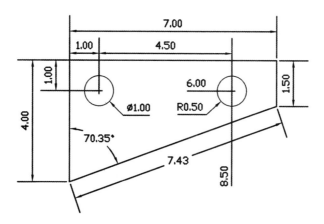

题 9 图　零件及尺寸标注图

10. 建立一个名为 HOMEWORK 的尺寸标注样式，要求：

- 颜色为蓝色
- 尺寸精度为两位小数
- 文本高度为 0.22
- 所有文本与其尺寸线平行
- 文本置于尺寸线上方

按标注尺寸绘制零件图，并使用定义的 HOMEWORK 尺寸标注样式标注尺寸。

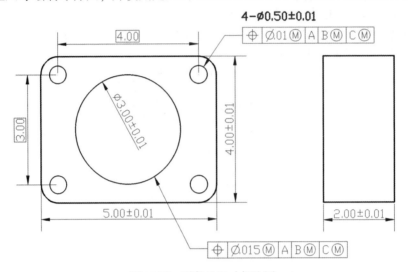

题 10 图　零件及尺寸标注图

11. 按图示的标注尺寸绘制参数化零件图(不必标注尺寸)。施加适当约束使图形参数化并保持相对位置，控制参数为大圆直径 D 和孔距 L，可以通过调整这两个控制参数来改变图形，其他直径和半径按与 D 的比例缩放。

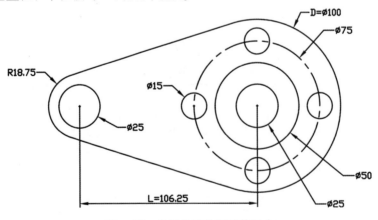

题 11 图　参数化零件图及其尺寸

12. 在一幅图内绘制八种基本实体：长方体、圆柱体、圆锥体、球体、圆环体、楔体、棱锥体、多段体，尺寸自定。

13. 绘制图示的三维实体(不包括表面网格),尺寸见表。

题 13 表

名称	直径	高度	端面
圆柱体 1	100	200	
圆柱体 2	50	200	
圆柱体 3	30	200	
方盒 1(长方体)		200	60×60 正方形
球体 1	150		

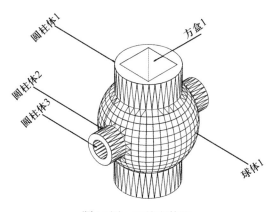

题 13 图　三维实体图

14. 对 13 题的三维实体使用 SLICE 和 SECTION 命令,以得到图示的剖面图和截面图。

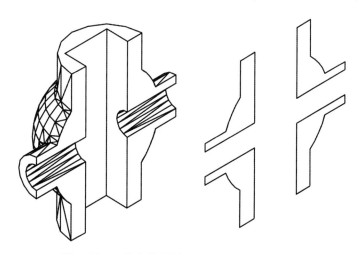

题 14 图　三维实体的剖面图(左)和截面图(右)

15. 按照图(a)给出的尺寸绘制三维实体及其剖面图,如图(b)所示。

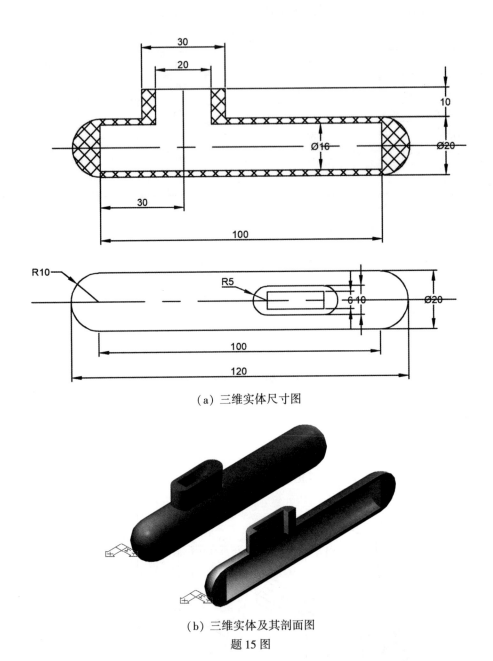

（a）三维实体尺寸图

（b）三维实体及其剖面图

题 15 图

16. 如图(a)所示的齿轮零件，其齿数为 12，高台部分厚度为 80，低台部分厚度为 20，上下对称，其余尺寸见图(b)。在 AutoCAD 的一幅图中绘制：（1）如图(a)所示的三维实体图；（2）如图(b)所示的截面图(含剖面线)并标注尺寸。

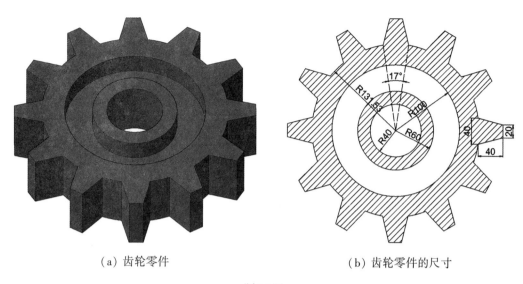

（a）齿轮零件　　　　　　　　　　（b）齿轮零件的尺寸

题 16 图

第三章　AutoCAD 文件及其二次开发

本章介绍 AutoCAD 的常用文件类型，其中着重介绍了菜单文件、界面文件、脚本文件、DXF(Drawing Interchange Format，绘图交换格式)文件和 STL(STereoLithography，立体光刻)文件，以及基于这些文件的 AutoCAD 定制和二次开发技术。菜单文件和界面文件可用于二次开发的 AutoCAD 插件(如 Object ARX 程序)的环境定制，脚本文件和 DXF 文件可用于小规模的图形生成和数据信息提取，而 STL 文件可用于获得三维实体的表面信息。本章使用 C/C++语言，需要安装 Visual Studio 2019 并熟悉其使用，安装时应选择"使用 C++的桌面开发"模式并包含 MFC 选项，如图 3-1 所示。

图 3-1　Visual Studio 2019 的安装选项

§3.1　AutoCAD 文件概述

AutoCAD 中使用的文件类型非常多，大致可以分为两类：一类用于数据储存和交换，另一类用于定制界面和绘图辅助。常见的文件类型(扩展名)有：

- DWG，DWG 文件
- MNU，菜单文件
- CUI，界面文件
- SCR，脚本文件

- DXF，DXF 文件
- STL，STL 文件
- SLD，幻灯片文件
- LIN，线型文件
- PAT，图案文件
- SHP，型文件

1. DWG 文件

- AutoCAD 图形默认的文件储存格式(二进制文件)
- 文件格式随 AutoCAD 版本变化，反映 AutoCAD 数据库的数据结构
- 文件格式不公开，因版权问题不适合直接读写的二次开发
- Autodesk 提供了一套需要授权的 DWG 文件读写开发包 RealDWG
- ObjectARX 库提供了 DWG 文件的读写函数

2. 幻灯片文件

- 用于快速显示图形(不能修改)
- 幻灯片文件扩展名为 SLD
- 制作幻灯片命令 MSLIDE
- 放映幻灯片命令 VSLIDE

3. 线型文件

- AutoCAD 默认的线型文件是 ACAD. LIN
- 用于建立用户自己的线型库
- 扩展名为 LIN
- 可用文本编辑工具编辑的 ASCII 码文件
- 可用 LINETYPE 命令对话框中的"加载"按钮加载

4. 图案文件

- 用于建立用户自己的填充图案
- 扩展名为 PAT
- 可用文本编辑工具编辑的 ASCII 码文件
- 可追加到标准图案文件 ACAD. PAT 中

5. 型文件

- 主要用于文字和符号的定义
- 不是绘制的图形，而是用向量代码来表示图形
- 扩展名为 SHP
- 可用文本编辑工具编辑的 ASCII 码文件

- 必须用 COMPILE 命令编译成 SHX 文件
- 用 LOAD 命令加载，用 SHAPE 命令插入

菜单文件、用户界面文件、脚本文件、DXF 文件和 STL 文件将分别在以下各节做详细介绍。

6. 基于 AutoCAD 文件的二次开发

基于 AutoCAD 文件的二次开发是指采用与 AutoCAD 无关的高级程序语言(如 C/C++、FORTRAN、PYTHON、BASIC 等)编写程序来自动生成 AutoCAD 中间文件(如 SCR、DXF 等)，然后在 AutoCAD 中加载这些文件来生成图形，以实现图形生成的自动化和参数控制等目的。基于 AutoCAD 文件的二次开发比较适合较小规模的图形生成以及用于思路验证等。

其优点如下：
- 对编程语言没有特定要求
- 开发过程简便，代码量小，无须专门培训
- 可以实现图形生成自动化
- 可以实现图形生成的参数控制
- 可以局部修改图形
- 稳定性相对较高

其缺点如下：
- 无法实现 AutoCAD 环境的人机交互
- 脱离 AutoCAD 环境，调试麻烦
- 不能利用 AutoCAD 提供的丰富函数
- 无法实现对图形数据库的复杂操作
- 中间文件执行效率低

§3.2　MENU 菜单文件

菜单文件是一种 ASCII 码文本文件，其组成部分定义了用户界面(命令行除外)各部分(例如下拉菜单、工具栏和定点设备上的按钮)的功能。可以创建或修改菜单文件来执行以下操作：
- 添加或更改菜单(包括快捷菜单、图像控件菜单和数字化仪菜单)和工具栏
- 为定点设备上的按钮指定命令
- 创建和修改快捷键
- 添加工具栏提示
- 在状态行上提供帮助文字

1. 菜单文件中的菜单类型

- Pointing-device button menus，按钮菜单

- Pull-down and cursor menus，下拉菜单
- Toolbars，工具条
- Image tile menus，图形菜单
- Screen menus，屏幕菜单
- Digitizing-tablet menus，数字化仪菜单
- Help strings and tooltips，帮助提示
- Keyboard accelerators，加速键

2. 菜单文件的类型

- MNU 文件：菜单模板文件，文本文件
- MNC 文件：编译后的二进制菜单文件
- MNR 文件：菜单二进制源文件，包含菜单中使用的位图
- MNS 文件：菜单源文件(AutoCAD 生成)
- MNT 文件：菜单源文件，当 MNR 文件不能获得时生成
- MNL 文件：菜单 LISP 文件，包含菜单中使用的 AutoLISP 表达式

3. 加载(卸载)菜单文件

- 使用 MENU 命令加载新菜单(会覆盖 AutoCAD 主菜单)
- 使用 MENULOAD 命令加载或卸载部分菜单及其他的下拉菜单，加载/卸载对话框如图 3-2 所示

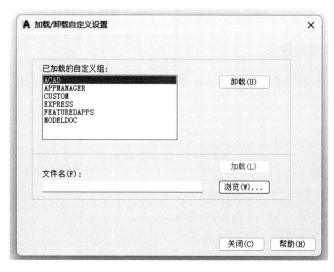

图 3-2 菜单的加载/卸载对话框

4. 菜单段标题

- ＊＊＊MENUGROUP，菜单文件组名

- ∗∗∗BUTTONSn，按钮菜单
- ∗∗∗POPn，下拉菜单
- ∗∗∗TOOLBARS，工具条
- ∗∗∗IMAGE，图形菜单
- ∗∗∗SCREEN，屏幕菜单
- ∗∗∗TABLETn，数字化仪菜单
- ∗∗∗HELPSTRINGS，帮助提示
- ∗∗∗ACCELERATORS，加速键

5. 下拉菜单中的控制字符(见表 3-1)

表 3-1

符号	功能
->	该项有下级子菜单
<-	该级菜单的最后一项
<-<-	上级与本级菜单最后一项
[--]	菜单项之间的分隔线
~	使菜单项无效
! C	为菜单项前加标记

6. 定制菜单文件的例子

用记事本等文本编辑器编写 test. mnu 菜单文件如下，POP 后面的序号不要与已有菜单项重复。

```
* * * POP12
* *菜单
ID_ TEST[菜单]
ID_ A1[放大一倍] ^C^Czoom 2x
ID_ A2[缩小一倍] ^C^Czoom 0.5x
ID_ A3[最大比例显示] ^C^Czoom e
[--]
ID_ A4 [->视觉样式]
ID_ A41   [二维线框] ^C^Cvs 2
ID_ A42   [消隐] ^C^Cvs h
ID_ A43   [概念] ^C^Cvs c
ID_ A44   [<-X 射线] ^C^Cvs x
```

```
ID_ A5[->三维视角]
ID_ A51   [俯视图] ^C^C-vpoint 0, 0, 1
ID_ A52   [仰视图] ^C^C-vpoint 0, 0, -1
ID_ A53   [左视图] ^C^C-vpoint -1, 0, 0
ID_ A54   [右视图] ^C^C-vpoint 1, 0, 0
ID_ A55   [前视图] ^C^C-vpoint 0, -1, 0
ID_ A56   [后视图] ^C^C-vpoint 0, 1, 0
ID_ A57   [<-等轴测] ^C^C-vpoint 1, 1, 1
```

用 MENULOAD 命令加载 test.mnu 菜单文件后,将在 AutoCAD 主菜单中显示该菜单,如图 3-3 所示。注意:用记事本保存 MNU 文件时要存为 ANSI 编码(UTF-8 编码加载可能会出错)。

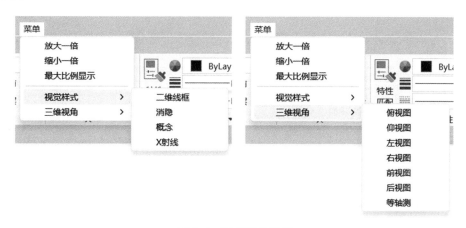

图 3-3　下拉菜单示例

§3.3　CUI 用户界面文件

除了用 ASCII 码菜单文件(MNU 和 MNS 文件)来存储和实现 AutoCAD 界面外,从 AutoCAD 2006 版开始,用户可以自定义基于 XML 的 CUI 文件(AutoCAD 2010 版后为 CUIx 文件)来定制菜单和工具栏。通过 AutoCAD 的 CUI 对话框,用户可以在图形界面中所见即所得地定制自己的菜单和工具栏。此外,AutoCAD 菜单的编辑和添加也可以通过 COM (Component Object Model,组件对象模型)技术编程实现,但程序较为复杂且不能使用位图。

根据作用范围的不同,CUI 文件可分为主 CUI 文件和局部 CUI 文件两类。主 CUI 文件用于定义 AutoCAD 的主要用户界面,包括主菜单、工具栏和键盘加速键等。AutoCAD 启动时将自动加载默认的主 CUI 文件 acad.cuix。局部 CUI 文件是指用户自定义的界面文件,用以在主界面上增加自定义的菜单和工具栏等。在实际使用时可按照需要加载和卸载局部 CUI 文件。二次开发的应用程序一般应单独定义局部 CUI 文件以加载应用程序的菜单和工具栏等界面。

可以使用自定义用户界面（CUI）编辑器中的"传输"选项卡来创建局部 CUI 文件以存储自定义用户界面。在创建 CUI 文件后，可以在 CUI 编辑器上的"自定义"选项卡中将其加载或卸载。还可以在命令行使用 CUILOAD 和 CUIUNLOAD 命令来加载或卸载 CUI 文件。局部 CUI 文件在 CUI 编辑器的"局部自定义文件"节点下显示的顺序将确定它们加载到程序中的顺序。可以重新排列项目的层次结构以更改加载顺序。以下示例步骤将创建局部 CUI 文件 Test. cuix，并在其中创建自定义菜单和工具栏。

（1）创建局部 CUI 文件

● 在命令行输入"CUI"命令，或在主菜单中选取"工具｜自定义｜界面"，启动"自定义用户界面"（CUI）对话框，在对话框中选择"传输"选项卡，对话框界面如图 3-4 所示

● 在右侧"新文件中的自定义设置"栏点击"创建新的自定义文件"按钮（图中黑框处）

● 在文件对话框的文件名处输入"Test"，保存类型是"＊. cuix"，按保存按钮保存 test. cuix 文件

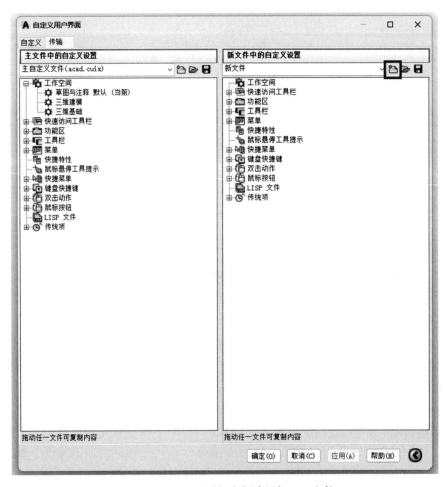

图 3-4　在 CUI 对话框中创建局部 CUI 文件

（2）自定义菜单

● 在 CUI 对话框中切换到"自定义"页面，在左侧栏中点击"加载部分自定义文件"按钮

● 在文件对话框中选择步骤（1）中创建的 test.cuix 文件，点击"打开"按钮，CUI 对话框将切换至 test.cuix 文件，在此可自定义局部文件的菜单和工具栏

● 在"TEST"树状工具栏中的"菜单"处单击鼠标右键，在弹出菜单中选择"新建菜单"，并将树状工具栏中的新建菜单改名为"我的菜单"，此菜单项将成为 AutoCAD 系统菜单的一级主菜单项

（3）自定义命令

● 在 CUI 对话框左侧栏下部点击"创建新命令"按钮，在右侧栏中将命令名称改为"放大一倍"，将宏改为"^C^Czoom 2x"，在按钮图像中可编辑图标用于菜单和工具栏，如图3-5 所示

图 3-5　在 CUI 对话框中自定义命令

● 重复上述步骤，依次定义菜单项及对应的宏

"缩小一倍""^C^Czoom 0.5x"

"最大比例显示""^C^Czoom e"

"单位圆""^C^Ccircle 0，0 1"

"单位球""^C^Csphere 0，0，0 1"

* 将上述自定义命令用鼠标拖动到"我的菜单"下作为子菜单
* 在"最大比例显示"和"单位圆"两项菜单之间点击鼠标右键，在弹出菜单中选择"插入分隔符"以区分两部分菜单，如图 3-6 所示

图 3-6　在 CUI 对话框中自定义菜单

（4）自定义工具栏

* 在 CUI 对话框左侧栏中的" TEST"树形工具栏中的"工具栏"处单击鼠标右键，在弹出菜单中选择"新建工具栏"
* 将新建的工具栏改名为"我的工具栏"
* 将左侧栏下部的自定义命令用鼠标拖至"我的工具栏"中作为工具按钮
* 在 AutoCAD 的快捷下拉菜单中选择"显示菜单栏"后可以同时看到自定义菜单和工具栏，如图 3-7 所示

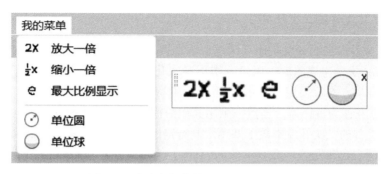

图 3-7　自定义的菜单(左)和工具栏(右)

§3.4　SCR 脚本文件

脚本文件是一种串行的命令序列,在 AutoCAD 中运行脚本文件可自动化地生成图形。对于复杂图形,人工输入命令序列费时费力,这时可以采用高级语言编程,由外部程序自动生成脚本文件。这种二次开发方式可通过若干参数控制图形的批量生成,也可用于图形的迭代调整和修正。

1. 脚本文件的特点:

- 脚本文件是若干 AutoCAD 命令按一定次序的组合
- 文件扩展名为 SCR
- 由若干命令行和注释行组成
- 命令行包含一个命令及其选项
- 注释行由";"开始
- 脚本文件是 ASCII 码文件

2. 运行脚本文件

- 工具按钮:管理 | 运行脚本
- 命令:SCRIPT
- 菜单:工具 | 运行脚本

3. 辅助命令

- DELAY,延迟,单位毫秒
- RESUME,继续执行
- GRAPHSCR,TEXTSCR,图形显示方式与文本显示方式切换
- RSCRIPT,重新运行刚执行的命令

4. 基于 SCR 文件的二次开发

基于 SCR 文件的二次开发是用高级语言编写程序来生成 SCR 脚本文件,然后在 Auto-CAD 中运行 SCR 文件生成图形,以达到图形参数化和批量绘图的目的。为与后续章节保持相同的开发环境,本章采用 C/C++语言作为编程语言来开发外部程序,并使用微软的 Visual Studio 2019 作为编译器。当然,采用其他编程语言和相应的编译器也可以实现相同的目的,基于文件的二次开发本质上并不限制特定编程语言。下面用两个例子来演示基于 SCR 脚本文件的二次开发。

例3.1　绘制平面桁架

绘制一个边长为 100 的正方形桁架框,需要依次输入三条 AutoCAD 命令:

RECTANG 0，0 100，100

LINE 0，0 100，100

LINE 100，0 0，100

如需重复生成桁架框,可将上述命令序列写入"Box. scr"脚本文件,在 AutoCAD 中运行该脚本文件即可得到正方形桁架框(用"ZOOM E"命令来显示整个图形)。对于绘制由多个桁架框组成的平面桁架(如图 3-8 所示),可重复地复制粘贴这三条命令并修改相应的坐标来编辑脚本文件。然而,对于桁架框数量非常多的情形[见图 3-8(中)]或者变截面桁架[见图 3-8(下)],人工编辑脚本文件费时费力。这时,可采用外部程序(与 AutoCAD 无直接关系)控制生成的方法来自动生成脚本文件,即用程序写脚本文件来代替人工编辑,这就是基于 SCR 脚本文件的二次开发。

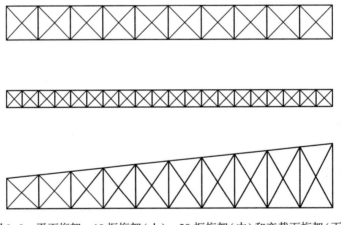

图 3-8　平面桁架,10 框桁架(上),20 框桁架(中)和变截面桁架(下)

启动 Visual Studio 2019 后,在初始页面选择"创建新项目",如图 3-9 所示。在"创建新项目"对话框中选择"控制台应用"项目类型(见图 3-10),点击"下一步"。在配置新项目对话框中将项目名称改为"BoxSCR",并选择合适的项目路径(见图 3-11),点击"创建"即可自动生成应用程序框架。注意:在创建项目时,Visual Studio 会在指定的目录中新建"BoxSCR"目录用于存放项目文件。

图 3-9　Visual Studio 2019 启动后的初始页面

图 3-10　"创建新项目"对话框

　　项目创建成功后，Visual Studio 会打开"BoxSCR. cpp"文件供用户编辑代码。BoxSCR. cpp 文件中包含应用程序的主函数 main，可直接复制下面的代码替换 BoxSCR. cpp 中的代码，也可以在源代码的基础上输入和编辑代码，如图 3-12 所示。

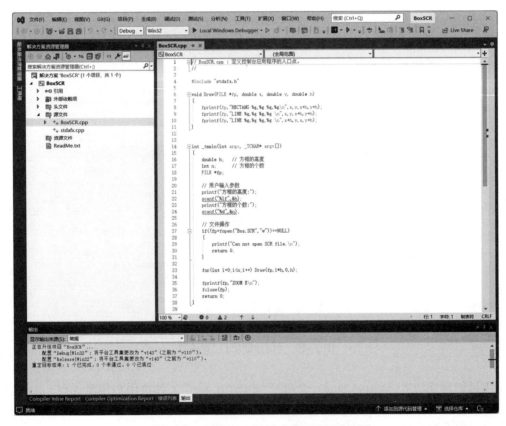

图 3-11　"配置新项目"对话框

图 3-12　在 BoxSCR. cpp 文件中编辑代码

为控制平面桁架的生成，在程序中设置了两个参数，桁架框的高度 h 和数量 n。改变这两个参数将得到不同平面桁架的 SCR 脚本文件，在 AutoCAD 中加载 SCR 文件即可得到相应的平面桁架图形。下面用两种绘图方式来生成平面桁架。

方式 1：添加 Draw 函数用以绘制单个桁架框，在 main 主函数中循环调用 Draw 函数绘制平面桁架，代码如下：

```cpp
#define _CRT_SECURE_NO_WARNINGS
#include <iostream>

//x, y 为方框左下角参考点的坐标, h 为方框的高度
void Draw(FILE * fp, double x, double y, double h)
{
    fprintf(fp,"RECTANG %g,%g %g,%g \n", x, y, x+h, y+h);
    fprintf(fp,"LINE %g,%g %g,%g \n", x, y, x+h, y+h);
    fprintf(fp,"LINE %g,%g %g,%g \n", x+h, y, x, y+h);
}

int main()
{
    double h;  //方框的高度
    int n;  //方框的个数
    FILE * fp;

    //用户输入参数
    printf("方框的高度:");
    scanf("%lf", &h);
    printf("方框的个数:");
    scanf("%d", &n);

    //文件操作
    if((fp = fopen("Box.SCR","w")) == NULL)
    {
        printf("Can not open SCR file. \n");
        return 1;
    }

    for(int i = 0; i<n; i++) Draw(fp, i * h, 0, h);

    fprintf(fp,"ZOOM E \n");
```

```
    fclose(fp);
}
```

注意：为避免编译系统对常规 C 语言函数报错，如 scanf 函数要求用 scanf_ s 函数替代，可以在程序开头定义宏：#define _ CRT_ SECURE_ NO_ WARNINGS。

在 Visual Studio 的主菜单中选择"生成丨生成解决方案"或按 F7 快捷键，系统将编译生成"BoxSCR. exe"可执行程序。注意：如使用 64 位 Windows 操作系统，应在"解决方案平台"中选择"x64"选项。

在 Visual Studio 的主菜单中选择"调试丨开始执行(不调试)"或按组合快捷键 Ctrl+F5，系统将运行 BoxSCR. exe。在调试控制台窗口中按照提示依次输入桁架框的高度 $h = 10$ 和个数 $n = 10$，如图 3-13 所示。程序运行后生成的 Box. scr 脚本文件为：

```
RECTANG 0, 0 10, 10
LINE 0, 0 10, 10
LINE 10, 0 0, 10
RECTANG 10, 0 20, 10
LINE 10, 0 20, 10
LINE 20, 0 10, 10
RECTANG 20, 0 30, 10
LINE 20, 0 30, 10
LINE 30, 0 20, 10
RECTANG 30, 0 40, 10
LINE 30, 0 40, 10
LINE 40, 0 30, 10
RECTANG 40, 0 50, 10
LINE 40, 0 50, 10
LINE 50, 0 40, 10
RECTANG 50, 0 60, 10
LINE 50, 0 60, 10
LINE 60, 0 50, 10
RECTANG 60, 0 70, 10
LINE 60, 0 70, 10
LINE 70, 0 60, 10
RECTANG 70, 0 80, 10
LINE 70, 0 80, 10
LINE 80, 0 70, 10
RECTANG 80, 0 90, 10
LINE 80, 0 90, 10
LINE 90, 0 80, 10
```

```
RECTANG 90, 0 100, 10
LINE 90, 0 100, 10
LINE 100, 0 90, 10
ZOOM E
```

图 3-13　在调试控制台窗口中输入参数

在 AutoCAD 中运行 Box. scr 脚本文件即可得到如图 3-8(上)所示的平面桁架图形。如需改变桁架参数,可重复运行 BoxSCR. exe 程序并输入不同的参数,生成相应的 SCR 脚本文件。

方式 2:先绘制一个桁架框,再使用 ARRAY 阵列命令复制桁架框形成平面桁架,代码如下:

```
#define _ CRT_ SECURE_ NO_ WARNINGS
#include <iostream>

int main()
{
    double h; //方框的高度
    int n; //方框的个数
    FILE * fp;

    //用户输入参数
    printf("方框的高度:");
    scanf("% lf", &h);
    printf("方框的个数:");
    scanf("% d", &n);

    //文件操作
    if((fp = fopen("Box.SCR","w"))==NULL)
    {
```

```
        printf("Can not open SCR file. \n");
        return 1;
    }

    fprintf(fp,"RECTANG 0, 0 %g,%g \n", h, h);
    fprintf(fp,"LINE %g,%g %g,%g \n", 0.0, 0.0, h, h);
    fprintf(fp,"LINE %g,%g %g,%g \n", h, 0.0, 0.0, h);
    fprintf(fp,"-ARRAY ALL   1 %d %g \n", n, h);  //ALL 后面有三个空格

    fprintf(fp,"ZOOM E \n");
    fclose(fp);
}
```

编译并运行程序,在调试控制台窗口中按照提示依次输入桁架框的高度 $h = 10$ 和个数 $n = 10$,程序运行后生成的 Box. scr 脚本文件为:

```
RECTANG 0, 0 10, 10
LINE 0, 0 10, 10
LINE 10, 0 0, 10
-ARRAY ALL   1 10 10
ZOOM E
```

在 AutoCAD 中运行该脚本文件也可得到与方式 1 相同的平面桁架图形。方式 2 利用 ARRAY 命令简化了代码,也可以实现相同的功能,但其不能适用于变截面桁架的绘制[见图 3-8(下)]。读者可自行改进方式 1 的代码,用以绘制变截面桁架。

例 3.2　底板零件的参数化绘图

参数化图形可以用若干参数控制图形的生成,以适应工程设计和绘图的自动化及批量化需求。如图 3-14 所示,有一正方形底板零件(仅平面图),边长为 L_1,四个角点分别为 P_1、P_2、P_3、P_4。板的中心有一大圆孔,圆心为 C,直径为 D_1。四个角处分别有对称的四个小圆孔,圆心分别为 C_1、C_2、C_3、C_4,直径均为 D_2,相邻的小圆孔中心间距为 L_2。设 C 点为坐标原点,如图可知该零件的图形由 L_1、L_2、D_1、D_2 四个参数决定。要求用 C 语言编写程序,能按照用户输入的参数来生成相应的 SCR 脚本文件,以便在 AutoCAD 中生成零件图。与 §2.9 节不同,这个例子用程序实现了图形的参数化。

为程序引用方便,我们首先定义了一个点的结构 POINT,图形中的点均定义为 POINT 类型。在程序中还需要进行参数相容性检查以防止用户输入的参数不适当造成边界相交。主要的参数限制为 $L_1 - L_2 \geqslant D_2$ 以及 $D_1 + D_2 \leqslant \sqrt{2} L_2$。为减少计算量,此处的 $\sqrt{2}$ 用近似值 1.4142 代替,而不是用函数 SQRT 计算。为避免反复除以 2.0 和减少变量,在坐标赋值和计算时,将 L_1、L_2、D_1、D_2 这 4 个参数缩减一半。程序最终生成 para. scr 脚本文件,包含 4 条绘制直线命令和 5 条绘制圆命令,以及 ZOOM E 命令对图形缩放。在 AutoCAD 中运行该脚本文件即可得到参数化图形。程序代码如下:

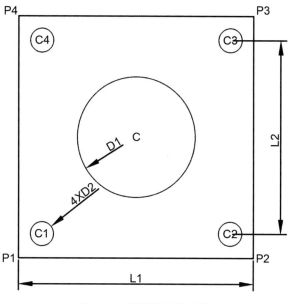

图 3-14　底板零件及参数

```c
#define _ CRT_ SECURE_ NO_ WARNINGS
#include <stdio.h>

typedef struct
{
    double x;
    double y;
} POINT;

int main()
{
    double L1, L2, D1, D2;
    POINT P1, P2, P3, P4, C, C1, C2, C3, C4;
    FILE * fp;

    //用户输入参数
    printf("Input L1:");
    scanf("% lf", &L1);
    printf("Input L2:");
    scanf("% lf", &L2);
    printf("Input D1:");
```

```
scanf("%lf", &D1);
printf("Input D2:");
scanf("%lf", &D2);

//参数相容性检查
if (D2>L1-L2 || D1+D2>1.4142 * L2)
{
    printf("Invalid parameters ! \n");
    return 1;
}

//文件操作
if ((fp=fopen("para.SCR","w"))==NULL)
{
    printf("Can not open SCR file. \n");
    return 2;
}

//坐标赋值和计算
L1 /=2.0; //避免反复除以 2.0
L2 /=2.0;
D1 /=2.0;
D2 /=2.0;
C.x=0.0;
C.y=0.0;
P1.x=-L1;
P1.y=-L1;
P2.x=  L1;
P2.y=-L1;
P3.x=L1;
P3.y=L1;
P4.x=-L1;
P4.y=L1;
C1.x=-L2;
C1.y=-L2;
C2.x=L2;
C2.y=-L2;
C3.x=L2;
```

```
C3.y=L2;
C4.x=-L2;
C4.y=L2;

//生成 SCR 文件
fprintf(fp,"LINE %g,%g %g,%g \n", P1.x, P1.y, P2.x, P2.y);
fprintf(fp,"LINE %g,%g %g,%g \n", P2.x, P2.y, P3.x, P3.y);
fprintf(fp,"LINE %g,%g %g,%g \n", P3.x, P3.y, P4.x, P4.y);
fprintf(fp,"LINE %g,%g %g,%g \n", P4.x, P4.y, P1.x, P1.y);
fprintf(fp,"CIRCLE %g,%g %g \n", C.x, C.y, D1);
fprintf(fp,"CIRCLE %g,%g %g \n", C1.x, C1.y, D2);
fprintf(fp,"CIRCLE %g,%g %g \n", C2.x, C2.y, D2);
fprintf(fp,"CIRCLE %g,%g %g \n", C3.x, C3.y, D2);
fprintf(fp,"CIRCLE %g,%g %g \n", C4.x, C4.y, D2);
fprintf(fp,"ZOOM E \n");

fclose(fp);
return 0;
}
```

当 $L_1=100$，$L_2=80$，$D_1=60$，$D_2=10$ 时，生成的 para.SCR 脚本文件如下：

```
LINE -50, -50 50, -50
LINE 50, -50 50, 50
LINE 50, 50 -50, 50
LINE -50, 50 -50, -50
CIRCLE 0, 0 30
CIRCLE -40, -40 5
CIRCLE 40, -40 5
CIRCLE 40, 40 5
CIRCLE -40, 40 5
ZOOM E
```

当 $L_1=120$，$L_2=90$，$D_1=90$，$D_2=20$ 时，生成的 para.SCR 脚本文件如下：

```
LINE -60, -60 60, -60
LINE 60, -60 60, 60
LINE 60, 60 -60, 60
LINE -60, 60 -60, -60
CIRCLE 0, 0 45
CIRCLE -45, -45 10
```

```
CIRCLE 45, -45 10
CIRCLE 45, 45 10
CIRCLE -45, 45 10
ZOOM E
```

改进：用 C++语言的 CNode 类代替 C 语言的 POINT 结构

首先在项目中添加 CNode 类，CNode 类由 CNode. h 和 CNode. cpp 两个文件组成，在 CNode. h 中添加点的坐标为成员变量 x，y。

```
class CNode
{
   public:
   double x, y; //成员变量
};
```

在 CNode. cpp 中包含 CNode 类的头文件并删除 POINT 结构，将点定义为 CNode 类的对象。

```
#include "Node.h"

void main()
{
   double L1, L2, D1, D2;
   //点定义为 CNode 类的对象
   CNode P1, P2, P3, P4, C, C1, C2, C3, C4;
   FILE * fp;
   ...
}
```

§3.5 DXF 文件

DXF 文件是 Autodesk 公司开发的用于在 AutoCAD 和其他 CAD 系统之间交换图形的格式文件。由于 AutoCAD 在业界的强大影响力，DXF 格式已成为事实上的图形交换工业标准，几乎所有的 CAD 软件均支持 DXF 格式文件的读写。DXF 格式不但用于 DXF 文件中，还用于 ADS、ObjectARX 编程的实体数据中。

DXF 文件有文本文件(后缀为 DXF)和二进制文件(后缀为 DXB)两种。文本文件具有可读性好的特点，但占用空间较大，读取速度慢。二进制文件可读性差，但占用空间小、读取速度快。本节只讨论文本形式的 DXF 文件。

在 AutoCAD 中打开 DXF 文件的命令是 DXFIN，保存 DXF 文件的命令是 DXFOUT。

与 SCR 脚本文件类似，我们也可以用外部程序读取和生成 DXF 文件，来实现基于 DXF 文件的二次开发。

1. DXF 文件的总体结构

一个完整的 DXF 文件由标题段（HEADER section）、类段（CLASSES section）、表段（TABLES section）、块段（BLOCKS section）、实体段（ENTITIES section）、对象段（OBJECTS section）组成，不能改变它们的前后顺序。

（1）标题段

包含图形的基本信息，包括 AutoCAD 数据库版本号和一些系统变量，每个系统变量包含变量名和变量值。系统变量记录了 AutoCAD 系统的当前工作环境，如 SNAP 捕捉的当前状态、栅格间距式样、当前图层的层名及线型、颜色等。

（2）类段

包含应用程序定义的类的信息。这些类的实例出现在数据库的 BLOCKS、ENTITIES 和 OBJECTS 段。

（3）表段

包含以下符号表的定义：APPID（应用程序识别表）、BLOCK_ RECORD（图块参考表）、DIMSTYLE（尺度样式表）、LAYER（图层表）、LTYPE（线型表）、STYLE（文本样式表）、UCS（用户坐标系统表）、VIEW（视图表）、VPORT（视口配置表）。

（4）块段

包含所有块的定义，其中包括 HATCH 命令和关联标注生成的匿名块。每个块定义都包含构成该块的实体。此段中的实体格式与 ENTITIES 段中的实体格式相同。

（5）实体段

包含图形中的实体信息，记录了每个实体的名称、所在图层及其实体数据、线型、颜色等。

（6）对象段

包含非图形对象，除实体、符号表及其记录以外的所有对象都存储在此段。

2. 段的结构

（1）段的通用结构

```
0
SECTION
2
ENTITIES（HEADER，TABLES，BLOCKS，…）
…
0
ENDSEC
```

（2）ENTITIES 段的结构

```
0
SECTION
2
```

```
ENTITIES   //ENTITIES 段的开始
0
<实体类型>
5
<句柄>
330
<指向所有者的指针>
100
AcDbEntity
8
<图层>
100
AcDb<类名>
…<数据>
0
ENDSEC   //ENTITIES 段的结尾
```

3. 组的构成

一个段由若干个组构成。每一组占两行，第一行为组代码，第二行为组值。如：

10 表示 X 坐标
100.0 为 X 坐标值
20 表示 Y 坐标
150.0 为 Y 坐标值

4. 常用的组代码(见表 3-2)

表 3-2

0	实体名
6	线型名
8	图层名
10~18	X 坐标
20~28	Y 坐标
30~37	Z 坐标
40~48	高度、宽度、半径、距离等
50~58	角度值
62	颜色号

5. 常用的实体名

- POINT，点
- CIRCLE，圆
- LINE，直线
- ARC，圆弧
- LWPOLYLINE，二维多段线
- POLYLINE，三维多段线
- TEXT，文本

6. 实体的 DXF 描述格式

常用实体的 DXF 描述格式举例如下。

（1）点的描述格式

0

POINT 点的实体名

…

10 X 坐标的组代码

5.0 点的 X 坐标

20 Y 坐标的组代码

6.0 点的 Y 坐标

（2）圆的描述格式

0

CIRCLE 圆的实体名

10

5.0 圆心的 X 坐标

20

6.0 圆心的 Y 坐标

40 圆的半径组代码

3.0 圆的半径值

（3）直线段的描述格式

0

LINE 直线的实体名

10

6.0 起点的 X 坐标

20

7.0 起点的 Y 坐标

```
11
```

10.0 终点的 X 坐标

```
21
```

8.0 终点的 Y 坐标

（4）圆弧的描述格式

```
0
```

ARC 圆弧的实体名

```
10
```

7.0 圆弧圆心的 X 坐标

```
20
```

9.0 圆弧圆心的 Y 坐标

```
40
```

5.0 圆弧的半径

```
50
```

90.0 圆弧的起始角度

```
51
```

180.0 圆弧的终止角度

（5）二维多段线的描述

```
0
```

LWPOLYLINE 二维多段线的实体名

```
70
```

1 封闭的多段线

```
10
```

7.0 第一个顶点 X 坐标

```
20
```

4.0 第一个顶点 Y 坐标

```
10
```

8.0 第二个顶点 X 坐标

```
20
```

5.0 第二个顶点 Y 坐标

…

（6）三维多段线的描述

```
0
```

POLYLINE   三维多段线的实体名

```
0
```

VERTEX 顶点标志

```
10
4.0
20
7.0
30 Z 坐标的组代码
0.0
0
VERTEX
...
```

7. 基于 DXF 文件的二次开发

与 SCR 文件的二次开发类似，基于 DXF 文件的二次开发也是用高级语言编程生成外部程序来读写 DXF 文件，其主要应用形式有以下三种：

- 生成 DXF 文件(仅有 ENTITIES 段)，在 AutoCAD 中加载以获得图形
- 读取已有图形的 DXF 文件，以提取相关数据和信息
- 修改已有图形的 DXF 文件，用以局部修改已有图形

AutoCAD 可以读入仅有 ENTITIES 段的 DXF 文件，但由于没有 HEADER 段，仅有 EN-TITIES 段的 DXF 文件将被按照 DXF R12 格式读入 AutoCAD，因此不能用于二维多段线、椭圆、样条曲线等实体。DXF R12 格式可参考 http：//www. relief. hu/h_ dxf12. html。实际开发时也可使用 dxflib 等 DXF 文件读写开源函数库。

以下通过四个例子来说明不同用途的 DXF 文件二次开发的方法。

例 3.3 圆的参数化图形(生成 DXF 文件)

用程序生成圆实体的 DXF 文件，通过圆心和半径两个参数控制圆的位置和大小，C 语言代码如下：

```c
#define _ CRT_ SECURE_ NO_ WARNINGS
#include <stdio.h>

int main()
{
    FILE * fp;
    double x, y, r;

    printf("Please input x:");
    scanf("% lf", &x);
    printf("Please input y:");
    scanf("% lf", &y);
    printf("Please input r:");
```

```
    scanf("%lf", &r);
    fp = fopen("circle.dxf","w");
    if(fp == NULL) {
        printf("Can not open this file ! \n");
        return 1;
    }
    fprintf(fp,"0 \nSECTION \n");
    fprintf(fp,"2 \nENTITIES \n");
    fprintf(fp,"0 \nCIRCLE \n");
    fprintf(fp,"8 \n0 \n");
    fprintf(fp,"10 \n%g \n", x);
    fprintf(fp,"20 \n%g \n", y);
    fprintf(fp,"40 \n%g \n", r);
    fprintf(fp,"0 \nENDSEC \n");
    fprintf(fp,"0 \nEOF");
    fclose(fp);
}
```

圆心为(10，5)，半径为 2 的圆实体 DXF 代码("circle. dxf"文件)如下：

```
0
SECTION
2
ENTITIES
0
CIRCLE
8
0
10
10
20
5
40
2
0
ENDSEC
0
EOF
```

在 AutoCAD 中使用 DXFIN 命令加载"circle. dxf"文件，即可生成该圆实体。

例 3.4 参数化底板零件(生成 DXF 文件)

按照用户输入的 L_1、L_2、D_1、D_2 四个参数来生成例 3.2 中的底板零件(图 3–14)的 DXF 文件。C 语言代码如下:

```c
#define _ CRT_ SECURE_ NO_ WARNINGS
#include <stdio.h>

typedef struct
{
    double x;
    double y;
} POINT;

void LineDXF(FILE * fp, POINT start, POINT end)
{
    fprintf(fp,"0 \nLINE \n");
    fprintf(fp,"8 \n0 \n");
    fprintf(fp,"10 \n% f \n20 \n% f \n11 \n% f \n21 \n% f \n",
        start.x, start.y, end.x, end.y);
}

void CircleDXF(FILE * fp, POINT center, double radius)
{
    fprintf(fp,"0 \nCIRCLE \n");
    fprintf(fp,"8 \n0 \n");
    fprintf(fp,"10 \n% f \n20 \n% f \n40 \n% f \n",
        center.x, center.y, radius);
}

int main()
{
    double L1, L2, D1, D2;
    POINT P1, P2, P3, P4, C, C1, C2, C3, C4;
    FILE * fp;

    //用户输入参数
    printf("Input L1:");
    scanf("% lf", &L1);
    printf("Input L2:");
```

```
scanf("% lf", &L2);
printf("Input D1:");
scanf("% lf", &D1);
printf("Input D2:");
scanf("% lf", &D2);

//参数相容性检查
if (D2>L1-L2 || D1+D2>1.4142 * L2)
{
    printf("Invalid parameters ! \n");
    return 1;
}

//文件操作
if ((fp = fopen("para.dxf","w"))==NULL)
{
    printf("Can not open SCR file. \n");
    return 2;
}

//坐标赋值和计算
L1 /=2.0; //避免反复除 2.0
L2 /=2.0;
D1 /=2.0;
D2 /=2.0;
C.x = 0.0;
C.y = 0.0;
P1.x = -L1;
P1.y = -L1;
P2.x = L1;
P2.y = -L1;
P3.x = L1;
P3.y = L1;
P4.x = -L1;
P4.y = L1;
C1.x = -L2;
C1.y = -L2;
C2.x = L2;
```

```
        C2.y = -L2;
        C3.x = L2;
        C3.y = L2;
        C4.x = -L2;
        C4.y = L2;

        //生成 DXF 文件
        fprintf(fp,"0 \nSECTION \n");
        fprintf(fp,"2 \nENTITIES \n");
        LineDXF(fp, P1, P2);
        LineDXF(fp, P2, P3);
        LineDXF(fp, P3, P4);
        LineDXF(fp, P4, P1);
        CircleDXF(fp, C, D1);
        CircleDXF(fp, C1, D2);
        CircleDXF(fp, C2, D2);
        CircleDXF(fp, C3, D2);
        CircleDXF(fp, C4, D2);
        fprintf(fp,"0 \nENDSEC \n");
        fprintf(fp,"0 \nEOF");
        fclose(fp);
}
```

例 3.5　统计红色圆的个数(读取 DXF 文件)

AutoCAD 当前图形中有多种颜色和种类的多个实体，要求编写 C 语言程序读取该图形的完整 DXF 文件(用 DXFOUT 命令将该图形保存为 DXF 文件)，识别并统计其中红色圆的数量。C 语言代码如下：

```
#define _ CRT_ SECURE_ NO_ WARNINGS
#include <iostream>

int main()
{
    FILE * fp;          //文件指针
    char name[80];      //组代码字符串
    char value[80];     //组值字符串
    int n1 = 0, n2 = 0; //计数器

    fp = fopen("redcircle.dxf","r");
```

```
   if(fp==NULL) {
      printf("Can not open this file ! \n");
      return 1;
   }

   while(! feof(fp))
   {
      fgets(name, 80, fp);
      fgets(value, 80, fp);
      if(strcmp(value,"CIRCLE \n")==0)
      {
         n1++;
         while(1) {
            fgets(name, 80, fp);
            fgets(value, 80, fp);
            if(strcmp(name," 62 \n")==0)
            {
               if(strcmp(value,"    1 \n")==0) n2++;
               break;
            }
         }
      }
   }
   printf("DXF 文件中圆实体共有%d个, 其中红色圆有%d个 \n", n1, n2);
   fclose(fp);
}
```

例 3.6 局部修改底板零件图(修改 DXF 文件)

通过局部修改 DXF 代码的方式对图形进行局部修改。局部修改 DXF 文件的步骤如下：

- 读入原始(完整)DXF 文件
- 将不修改的部分抄入新的 DXF 文件
- 找到要修改参数的 DXF 代码
- 修改 DXF 代码并写入新的 DXF 文件

现有图 3-14 底板零件的完整 DXF 格式图形文件 para. dxf，要求编写 C 语言程序用参数控制第一个圆(中心大圆)的半径。修改后的 DXF 文件为_ para. dxf。

```
#define _ CRT_ SECURE_ NO_ WARNINGS
#include <iostream>
```

```c
int main()
{
    FILE * fp1, * fp2;                      //文件指针
    double r;                               //控制参数：半径
    char name[80];                          //组代码字符串
    char value[80];                         //组值字符串
    int tag;                                //中间控制变量

    printf("Please input radius :");        //输入控制参数：半径
    scanf("%lf", &r);

    fp1 = fopen("para.dxf","r");            //读取原始 DXF 文件
    if (fp1 == NULL) {
        printf("Can not open this file ! \n");
        return 1;
    }
    fp2 = fopen("_ para.dxf","w");          //修改后写入新的 DXF 文件
    if (fp2 == NULL) {
        printf("Can not open this file ! \n");
        return 2;
    }
    tag = 0;
    while (! feof(fp1))
    {
        fgets(name, 80, fp1);               //读入组代码
        fgets(value, 80, fp1);              //读入组值
        fprintf(fp2,"%s", name);            //写入组代码
        fprintf(fp2,"%s", value);           //写入组值
        if (tag == 0 && strcmp(value,"CIRCLE \n")==0)//找第一个圆实体
        {
            while (1)
            {
                fgets(name, 80, fp1);
                fgets(value, 80, fp1);
                if (strcmp(name," 40 \n")==0) //找半径
                {
                    fprintf(fp2,"%s", name);
                    fprintf(fp2,"%g \n", r);
```

```
            tag = 1;
            break;
        }
        else
        {
            fprintf(fp2,"% s", name);
            fprintf(fp2,"% s", value);
        }
        }
    }
}
    fclose(fp1);
    fclose(fp2);
}
```

§3.6　STL 文件

　　STL 文件格式是美国 3D SYSTEMS 公司提出的三维实体造型系统的一个接口标准，其接口格式规范目前已成为被工业界认可的快速成型(Rapid Prototyping)领域的标准描述文件格式，广泛用于 3D 打印建模、科学与工程计算建模和动画游戏制作等领域。

　　STL 文件是一种用空间三角形网格逼近三维实体表面的数据模型，STL 模型的数据包括三角形面片(三角片)的法向量的 3 个分量(法向量始终朝向实体外部，符合右手法则)以及三角形的 3 个顶点坐标，一个完整的 STL 文件记载了组成实体模型的所有三角片的法向量数据和顶点坐标数据信息。

　　目前的 STL 文件格式有二进制文件(BINARY)和文本文件(ASCII)两种。文本格式的 STL 文件逐行给出三角片的几何信息，每一行以一到两个关键字开头。在 STL 文件中的三角片的信息单元 facet 是一个带矢量方向的三角片，STL 三维模型就是由一系列这样的三角片构成。本节的处理对象是文本格式的 STL 文件。

　　AutoCAD 的 STLOUT 命令可以输出实体的 STL 文件，但要求实体位于第一象限(坐标皆为正)。FACETRES 命令可以设定三角片网格精度为 1 到 10 之间的一个值 (1 为低精度粗网格，10 为高精度细网格)。网格精度越高，实体表面的逼近程度越好，但同时数据量也会相应增加。STL 文件可以直接导入 Windows 自带的 Print 3D 软件，在 3D 打印机上打印。

　　三维实体及其 STL 三角片网格如图 3-15 所示。

　　其文本格式的 STL 文件实例片段如下：

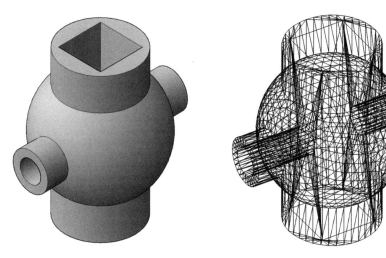

图 3-15　三维实体(左)及其 STL 三角片网格(右)图

```
solid AutoCAD
   facet normal -0.0000000e+000 1.0000000e+000 0.0000000e+000
      outer loop
         vertex 2.7000000e+002 2.7000000e+002 3.0000000e+002
         vertex 2.7000000e+002 2.7000000e+002 5.0000000e+002
         vertex 3.3000000e+002 2.7000000e+002 3.0000000e+002
      endloop
   endfacet
   facet normal 0.0000000e+000 1.0000000e+000 -0.0000000e+000
      outer loop
         vertex 3.3000000e+002 2.7000000e+002 3.0000000e+002
         vertex 2.7000000e+002 2.7000000e+002 5.0000000e+002
         vertex 3.3000000e+002 2.7000000e+002 5.0000000e+002
      endloop
   endfacet
   facet normal 1.0000000e+000 0.0000000e+000 0.0000000e+000
      outer loop
         vertex 2.7000000e+002 2.8551111e+002 4.0388229e+002
         vertex 2.7000000e+002 2.7000000e+002 5.0000000e+002
         vertex 2.7000000e+002 2.8500000e+002 4.0000000e+002
      endloop
   endfacet
   facet normal 1.0000000e+000 0.0000000e+000 0.0000000e+000
      outer loop
```

```
        vertex 2.7000000e+002 2.8500000e+002 4.0000000e+002
        vertex 2.7000000e+002 2.7000000e+002 5.0000000e+002
        vertex 2.7000000e+002 2.7000000e+002 3.0000000e+002
      endloop
    endfacet
```

例 3.7　将 STL 文件转换为 DXF 文件

下述 C 语言代码读取文本格式的 STL 文件"test. stl"，并将其中的实体表面三角片转换为 DXF 代码文件"test. dxf"。在 AutoCAD 中打开这个 DXF 文件就可以显示实体的 STL 三角片网格。

```
#define _ CRT_ SECURE_ NO_ WARNINGS
#include <iostream>
#include "math.h"

typedef struct //结构体中储存点坐标
{   double x;
    double y;
    double z;
} POINT;

void LineDXF( FILE * fp, POINT start, POINT end) //画线
{
    fprintf(fp," 0 \nLINE \n");
    fprintf(fp," 8 \n0 \n");
    fprintf(fp," 10 \n% f \n 20 \n% f \n 30 \n% f \n 11 \n% f \n 21 \n% f \n 31 \n% f \n", start.x, start.y, start.z, end.x, end.y, end.z);
}

void TriangleDXF( FILE * fp, POINT a, POINT b, POINT c) //画三角形
{
    LineDXF( fp, a, b);
    LineDXF( fp, b, c);
    LineDXF( fp, a, c);
}

int main()
{
```

```
FILE * fp1, * fp2;
POINT P[3];
char str[20], temp[100];
int i;

if((fp1 = fopen("test.stl","r")) == NULL) // 打开文件
{
    printf("Can not open STL file. \n");
    return 1;
}
if((fp2 = fopen("test.dxf","w")) == NULL)
{
    printf("Can not open DXF file. \n");
    return 2;
}

fprintf(fp2,"0 \nSECTION \n");
fprintf(fp2,"2 \nENTITIES \n");
while(! feof(fp1))
{
    fscanf(fp1,"% s", temp);
    if(strcmp(temp,"loop") == 0) // 读到一个三角片
    {
        for (i = 0; i<3; i++) fscanf(fp1,"% s % lf % lf % lf",
            str, &P[i].x, &P[i].y, &P[i].z);
        TriangleDXF(fp2, P[0], P[1], P[2]);
    }
}
fprintf(fp2,"0 \nENDSEC \n");
fprintf(fp2,"0 \nEOF");
fclose(fp1);
fclose(fp2);
}
```

习 题 三

1. 编写一菜单文件(MNU 文件)，加载后生成如图所示的下拉菜单并实现其功能。

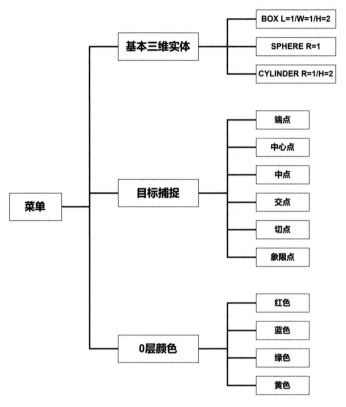

题 1 图　自定义下拉菜单

2. 三维框形梁及其中一段立方体框如图所示，试编写一 C/C++程序，使其生成的 SCR 文件能够在 AutoCAD 中生成图示三维框形梁。程序中梁的高度 h 和段数 n 为输入参数，用以控制图形的生成。

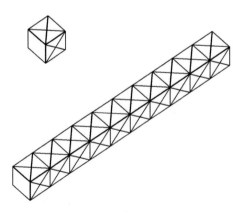

题 2 图　三维框形梁

3. 用 C/C++语言编写一程序，使之能生成 SCR 文件来模拟时钟从 10 点整开始的 5 分钟内的走动，并同时在表盘显示时间数字，如图所示。具体尺寸是：表盘半径为 100，刻度长 20，时针长 40，分针长 60，秒针长 70。尽量使用所学的绘图技巧来简化程序。

题 3 图   时钟表盘

4. 如图所示，时钟的刻度长度为表盘半径的 1/5，时针长度为表盘半径的 2/5，分针长度为表盘半径的 3/5。编写一 C/C++程序，使之生成的 DXF 文件能绘制上述时钟，其中表盘半径和当前时间为输入参数。

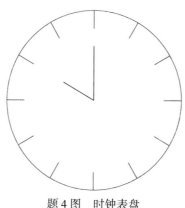

题 4 图   时钟表盘

要求：

（1）用户可以通过输入表盘半径来控制图形的几何尺寸；

（2）时针和分针指示用户输入的时间（×点×分）；

（3）表盘及刻度的颜色为红色，时针和分针的颜色为蓝色。

5. 将题 4 图用 DXFOUT 命令生成完整的 DXF 文件。编写一 C/C++程序，使之能够根据用户输入的时间，通过修改 DXF 文件来控制时针和分针的位置。

6. DXF-SCR 翻译器：试编写一 C/C++程序，使之能够将 DXF 文件中的实体部分用 SCR 文件来生成(只翻译实体数据，不包括共有属性如图层、颜色、线型等)。程序至少应能处理以下实体：POINT、LINE、CIRCLE、ARC、LWPOLYLINE。

第四章　Windows 图形交互技术

　　本章将使用 MFC(Microsoft Foundation Class，微软基础类) 库来开发独立的 Windows 图形交互程序。依托商业 CAD 系统的直接开发和间接开发技术开发的 CAD 软件，其主要优点是用户界面成熟、行业用户熟悉，可利用开发函数库和命令功能来大幅减少开发工作量。但这种开发方式也存在着依赖商业 CAD 系统所带来的使用和升级成本高、系统资源消耗大、计算和运行效率低等缺点。在 Windows 系统中从底层独立开发专用 CAD 软件是许多专业工程领域的重要解决方案，它能够高效地解决某个领域的专业问题，而基于 Windows 的图形交互技术是开发专用 CAD 软件的技术基础。

　　由于课程范围的限制，本章将主要介绍使用 MFC 类库进行 Windows 图形交互开发的技术，且仅涉及二维图形交互的开发。本章使用 C++编程语言和 Visual Studio 2019 编译器。

§4.1　C++中的类

　　第四章和第五章均使用 C++编程语言，为方便仅有 C 语言基础的读者快速入门，本节将简要介绍 C++的核心概念之一——类。

1. 类的定义

　　● C++的类是把各种不同类型的数据(成员变量)和对数据的操作(成员函数)组织在一起而形成的用户自定义的数据类型

　　● C++中类的定义包括类的说明和类的实现两大部分，类的说明写在头文件(.h 文件)中，类的实现通常写在程序文件(.cpp 文件)中

　　● 类是抽象的模板，不占用内存；对象是类的具体化，占用内存空间

2. 构造函数

　　● 构造函数是一种特殊的成员函数，函数名与类同名

　　● 当定义该类的对象时，构造函数将被自动调用以实现对该对象的初始化

　　● 构造函数不能有返回值

　　● 构造函数可以带参数，也可以不带参数

　　● 一个类可以定义多个构造函数，也可以不定义构造函数，此时系统在新建类时会自动建立一个空的不带参数的构造函数(默认构造函数)

　　● 构造函数通常进行变量的初始化和内存分配等工作

3. 析构函数

- 析构函数是一类特殊的成员函数，函数名与类相同，但加前缀~
- 析构函数没有参数，也没有返回值
- 在类的对象生命期结束时（如 delete 对象时），系统自动调用析构函数
- 一个类只能定义一个析构函数，也可不定义，系统在新建类时会自动生成一个空的析构函数
- 析构函数通常完成内存释放等清理工作

4. 三角形类 CTriangle 示例

以下是一个三角形类 CTriangle 的示例代码，它的成员变量包括三角形三个顶点的指针，两个成员函数为 Draw 和 GetCenter。CTriangle( ) 和 ~CTriangle( ) 分别是该类的构造函数和析构函数。该类被用于在 §4.4 节例4.1 中表示一个三角形单元的模板。

```cpp
//Triangle.h CTriangle 类的头文件
class CTriangle : public CObject
{
public：
    CPoint * p1, * p2, * p3;            //成员变量
    void Draw(CDC * pDC);               //成员函数
    CPoint GetCenter();                 //成员函数
    CTriangle();                        //构造函数
    virtual ~CTriangle();               //析构函数
};


//Triangle.cpp CTriangle 类的程序文件
#include "Triangle.h"
CPoint CTriangle:: GetCenter()        //计算并返回三角形中心点
{
    CPoint center;
    center.x = int((p1->x+p2->x+p3->x)/3.0);
    center.y = int((p1->y+p2->y+p3->y)/3.0);
    return center;
}


void CTriangle:: Draw(CDC * pDC)       //绘制三角形
{
    pDC->MoveTo( * p1);
    pDC->LineTo( * p2);
```

```
pDC->LineTo( * p3);
pDC->LineTo( * p1);
}
```

5. MFC 中几个常用的基础类

（1）CString

MFC 中的字符串类，可以替代 C 语言中的 char * 字符串，且具有自动内存管理能力。CString 类的构造函数或初始化有多种灵活的方式：

- CString s1；//空字符串
- CString s2("cat")；//用字符串初始化
- CString s3 = s2；//拷贝字符串
- CString s4(s2+" "+s3)；//从一个字符串表达式
- CString s5('x')；// s5 = "x"
- CString s6('x', 6)；// s6 = "xxxxxx"
- CString city = "Philadelphia"；//用字符串初始化

此外，CString 类中的 Format 函数使用 C 言语中 printf 函数的格式将其他数据类型转换为字符串，以下代码将整型变量 n 转换为字符串"n = 20"：

```
CString str;
int n = 20;
str.Format("n = % d", n);
```

CString 类的主要成员函数提供了字符串操作的强大功能：

- GetLength 返回 CString 对象中的字符数，对多字节字符，按 8 位字符计算，即在一个多字节字符中一个开始和结束字节算作两个字符
- IsEmpty 测试一个 CString 对象中是否不含有字符
- Empty 强制一个字符串的长度为 0
- GetAt 返回在给定位置的字符
- operator [ ]返回在给定位置的字符--它是代替 GetAt 的操作符
- SetAt 设置给定位置上的字符
- operator LPCTSTR 像访问一个 C 风格的字符串一样，直接访问保存在一个 CString 对象中的字符
- operator = 给 CString 对象赋一个新值
- operator + 连接两个字符串并返回一个新字符串
- operator += 把一个新字符串连接到一个已经存在的字符串的末端
- operator 比较操作符(大小写敏感)
- Compare 比较两个字符串(大小写敏感)
- CompareNoCase 比较两个字符串(不区分大小写)
- Collate 比较两个字符串(大小写敏感，使用现场特别信息)

- CollateNoCase 比较两个字符串(不区分大小写，使用现场特别信息)
- Mid 提取一个字符串的中间一部分
- Left 提取一个字符串的左边一部分
- Right 提取一个字符串的右边一部分
- SpanIncluding 提取一个字符串，该子字符串中仅含有某一字符集合中的字符
- SpanExcluding 提取一个字符串，该子字符串中不含有某一字符集合中的字符
- MakeUpper 将字符串中的所有字符转换为大写字符
- MakeLower 将字符串中的所有字符转换为小写字符
- MakeReverse 将字符串中的字符以倒序排列
- Replace 用其他字符替换指定的字符
- Remove 从一个字符串中移走指定的字符
- Insert 在字符串中的给定索引处插入一个字符或一个子字符串
- Delete 从一个字符串中删除一个或多个字符
- Format 像 sprintf 函数一样格式化该字符串
- FormatV 像 vprintf 函数一样格式化该字符串
- TrimLeft 将字符串中前面的空格整理出字符串
- TrimRight 将字符串中结尾的空格整理出字符串
- FormatMessage 格式化一个消息字符串
- Find 在一个较大的字符串中查找字符或子字符串
- ReverseFind 在一个较大的字符串中从末端开始查找某个字符
- FindOneOf 查找与某个字符集合中的字符相匹配的第一个字符
- operator <<把一个 CString 对象插入一个存档或转储的环境中
- operator >>从一个存档中提取一个 CString 对象
- GetBuffer 返回一个指向 CString 对象的指针
- GetBufferSetLength 返回一个指向 CString 对象的指针，字符串被截断为指定的长度
- ReleaseBuffer 释放对 GetBuffer 所返回的缓冲区的控制权
- FreeExtra 通过释放原先为此字符串分配的额外内存来删除此字符串对象的额外开销
- LockBuffer 使引用计数无效并保护缓冲区中的数据
- UnlockBuffer 使引用计数有效并释放缓冲区中的数据

（2）CArray

MFC 中的数组类，可以替代 C 语言中的数组，具有自动内存管理能力，可实现动态数组功能。模板化的 CArray 类定义如下：

template <class TYPE, class ARG_ TYPE> class CArray ：public CObject

TYPE 模板参数指定存储在数组中的对象的类型。TYPE 是一个由 CArray 返回的参数。

ARG_ TYPE 模板参数指定用于访问存储在数组中对象的参数类型。通常是一个对 TYPE 的参考。ARG_ TYPE 是一个传递给 CArray 的参数。

提示：在使用一个数组之前，使用 SetSize 建立它的大小并为它分配内存。如果不使

用 SetSize，则为数组添加元素就会引起频繁地重新分配和拷贝。频繁地重新分配和拷贝不但没有效率，而且导致内存碎片。

CArray 类的主要成员函数有：

- GetSize，获得此数组中的元素数
- GetUpperBound，返回最大的有效索引值
- SetSize，设置包含在此数组中的元素数
- FreeExtra，释放大于当前上界的未使用的内存
- RemoveAll，从此数组移去所有元素访问
- GetAt，返回在给定索引上的值
- SetAt，设定一个给定索引的值，数组不允许扩展
- ElementAt，返回一个对数组中元素指针的临时参考
- GetData，允许对数组中的元素访问，可以为 NULL 扩展数组
- SetAtGrow，为一个给定索引设置值；如果必要，扩展数组
- Add，在数组的末尾添加元素；如果必要，扩展数组
- Append，在数组上附加另一个数组；如果必要，扩展数组
- Copy，把另一个数组拷贝到数组上；如果必要，扩展数组
- InsertAt，在指定的索引上插入一个元素，或另一个数组中的所有元素
- RemoveAt，在指定的索引上移去一个元素
- 运算符 operator［］，在特定索引上设置或获取元素

（3）CPoint

MFC 中的点类，成员变量与 POINT 结构相同，包括二维点的 x 和 y 整型坐标。POINT 结构可以使用的地方，CPoint 对象也可以使用。CPoint 类的构造函数有几种主要的重载形式：

- `CPoint();` //默认构造函数
- `CPoint(int initX, int initY);` //输入 x，y 坐标
- `CPoint(POINT initPt);` //传递 Point 结构或 CPoint 类的对象

主要操作符(见表 4-1)：

表 4-1

= =	检查两个点是否相等
! =	检查两个点是否不等
+ =	通过增加一个尺寸或点来使 `CPoint` 偏移
− =	通过减去一个尺寸或点来使 `CPoint` 偏移
+	返回一个 `Cpoint` 与一个尺寸(或点)的和
−	返回一个 `CPoint` 和一个尺寸(或点)的偏差

（4）CRect

MFC 中的矩形类，成员变量与 RECT 结构相同，包括整型变量 left，top，right 和 bottom，其中（left，top）是矩形左上角坐标，（right，bottom）是矩形右下角坐标。在传递 LPRECT，LPCRECT 或 RECT 结构作为参数的任何地方，都可以传递 CRect 对象来代替。CRect 类的构造函数有几种主要的重载形式：

- `CRect()`; //默认构造函数
- `CRect(int left, int top, int right, int bottom)`; //输入坐标
- `CRect(const RECT& srcRect)`; //传递 RECT 结构或 CRect 类的对象
- `CRect(LPCRECT lpSrcRect)`; //传递 RECT 结构指针

§4.2　用 AppWizard 创建应用程序

早期的 Windows 应用程序开发采用 Windows Software Development Kit（SDK）和 Microsoft C 编译器，由于 Windows 应用程序要完成大量的初始化操作和处理消息循环，开发过程远比 DOS 下复杂，因此开发工作量较大，对编程者要求较高。现在的 Windows 应用程序开发则可采用 MFC 和 Microsoft Visual C++，并使用 Application Wizard 来自动生成应用程序框架，因此开发工作量大为减少，编程门槛显著降低。

1.　建立一个基于 MFC 的项目

以下使用 Application Wizard 来自动生成"DrawTest"应用程序的框架：

（1）启动 Visual Studio 2019 后，选择"创建新项目"选项进入 Application Wizard，在"创建新项目"对话框中选择"MFC 应用"项目类型，如图 4-1 所示，按"下一步"按钮；

图 4-1　"创建新项目"对话框

（2）在"配置新项目"对话框的"项目名称"栏中填入"DrawTest"，并在"位置"栏中选

择合适的路径，如图 4-2，点击"创建"按钮。注意：在创建项目时，Visual Studio 会在指定的目录中新建"DrawTest"目录用于存放项目文件；

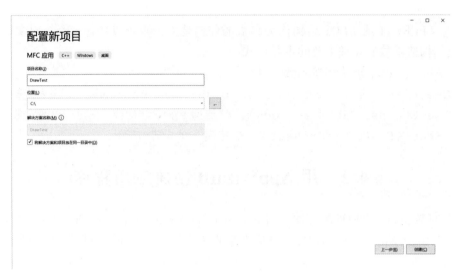

图 4-2　"配置新项目"对话框

　　（3）在"应用程序类型选项"对话框中选择应用程序类型为"单个文档"，项目类型为"MFC standard"，默认支持文档/视图结构，见图 4-3，点击"完成"按钮即可自动生成应用程序框架。

图 4-3　"应用程序类型选项"对话框

MFC 应用程序的类型有三种：

- 单文档应用程序(Single Document Interface，SDI)，每次只能打开一个文档
- 多文档应用程序(Multiple Documents Interface，MDI)，可以同时打开多个文档
- 基于对话框的应用程序(Dialog Based)

单文档应用程序结构相对简单，为简化代码便于学习，本章均采用单文档应用程序作为示例。

2. 了解生成的应用程序

借助 Application Wizard，我们不用写任何代码就可以生成一个完整的应用程序框架。在 Visual Studio 界面的"解决方案资源管理器"页面可以查看项目中的所有文件。在"类视图"页面可以查看项目中所有的类，新建项目默认有五个类，分别是：

- CaboutDlg，"关于"对话框类，通常包括应用程序的版本和版权信息
- CDrawTestApp，应用程序类
- CDrawTestDoc，文档类，用于存放应用程序的数据
- CDrawTestView，视图类，包含绘制图形的代码
- CMainFrame，主窗口类

另有一个全局变量 theApp，它是应用程序类 CDrawTestApp 的唯一实例，也是各个类之间数据交换的桥梁。本章后续的示例均是在该应用程序框架的基础上添加相应的代码来实现特定的功能。

3. 编译和运行

在 Visual Studio 的主菜单中选择"生成 | 生成解决方案"或按 F7 快捷键，系统将编译生成"DrawTest. exe"可执行程序。注意：如使用 64 位 Windows 操作系统，应在"解决方案平台"中选择"x64"选项。在主菜单中选择"调试 | 开始执行(不调试)"或按组合快捷键 Ctrl+F5，系统将运行 DrawTest. exe，应用程序界面和"关于"对话框如图 4-4 所示。借助 Application Wizard 工具，我们无须写任何代码就得到了一个带下拉主菜单和工具条的基本应用程序。

4. 编译的两种模式

Visual Studio 的编译可分为 Debug 模式和 Release 模式两种。Debug 模式主要用于程序开发阶段，可调试，但运行速度慢；Release 模式主要用于程序发布阶段，不可调试，运行速度快。

编译模式可在工具栏中的配置管理器中选择。对于包含有大量数值计算的应用程序一定要用 Release 模式编译可执行程序。

图 4-4　DrawTest 应用程序界面

§4.3　文档/视图框架结构

在 MFC 和 Visual C++开发中，文档/视图（Document/View）框架结构处于十分重要的地位，Microsoft 用这个统一的结构来封装 Windows 函数。这个框架结构将应用程序的数据和显示代码分开存放，这样便于对程序的管理和扩展。特别对于一个文档对应多个视图的情形，其结构优势非常明显。虽然文档/视图框架结构并不是开发 Windows 应用程序所必需的，但建议初学者编程遵循 Document/View 框架结构。文档/视图框架结构的相关知识点有：

- Document（文档）类包含了应用程序所用的数据
- View（视图）类是数据的图示方式
- 一个文档可以有多个视图与之对应
- 应将所有的用户数据封装在文档类中
- 在视图类中用 GetDocument() 获取文档中的数据
- 在视图类的 OnDraw() 函数里绘制图形
- 数据变化后，用 Invalidate() 来更新图形

以下的例子展示了如何在视图类中调用文档类中的数据。首先在文档类中存放整型变量 n，然后在视图类中通过 pDoc 指针获取文档中 n 的数据，并在窗口显示该数据。添加代码步骤如下：

（1）在§4.2 节生成的 DrawTest 应用程序框架中打开 DrawTestDoc.h 头文件，在"特性"处的"public"下添加代码：

```
int n=20;
```

（2）在 DrawTestView.cpp 中找到 OnDraw 函数，去掉 pDC 指针的注释符，在"//TODO：在此处为本机数据添加绘制代码"下面添加如下 3 行代码：

```
CString str; //定义字符串 str
str.Format("n=% d", pDoc->n); //通过 pDoc 指针获得文档类中的变量 n 的
数值，并写入字符串 str
pDC->TextOut(200, 200, str); //在窗口显示字符串 str
```

由于视图类中已经准备好 pDoc 指针指向文档类，因此我们可以在视图类中通过 pDoc 指针获得文档类中的所有数据，调用文档类中的所有函数。pDoc 指针是文档/视图框架结构为数据交换搭建的桥梁。

编译、运行该应用程序将在窗口中显示"n＝20"字样。可以修改文档类中 n 的数值来观察窗口中文字的变化。这个例子展示了文档类和视图类之间的数据调用。

为避免使用 Unicode 字符集带来的编译错误，可使用"_ T( )"宏将字符串转换为Unicode 形式：

```
str.Format(_ T("n=% d"), pDoc->n);
```

也可在字符串前加"L"：

```
str.Format(L"n=% d", pDoc->n);
```

为避免反复转换，也可以在 Visual Studio 菜单中选择"项目 | DrawTest 属性"，在项目属性对话框中的"高级"页面中将"字符集"选择为"未设置"，如图 4-5 所示。

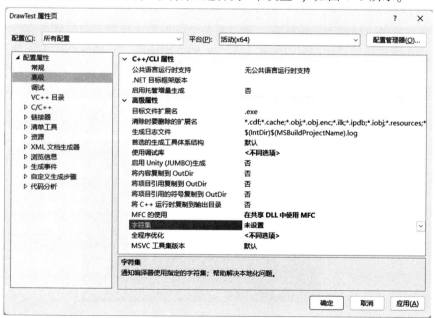

图 4-5　项目属性对话框

§4.4　在窗口中绘制图形

本节介绍了函数和变量命名规则、GDI 坐标系、CDC 类和基本图形元素的绘制函数，然后展示一个在窗口中绘制图形的实例。

1. 函数和变量命名规则

函数和变量的命名对程序的可读性和可复用性影响显著，因此各软件开发企业对此都有一套自己的命名规则。通过特定的命名规则可以很容易地在程序中区分函数、变量、常量、指针和类。以大写字母区隔单词，并尽量写出完整单词可以更直观地理解函数或变量的含义，如 DeleteNode 要比缩写 DN 更容易理解。这些规则的应用可以有效地提高程序的可读性和可复用性，也是培养良好编程习惯的要求之一。此外，多加注释也是提高程序可读性的重要手段。具体命名规则建议如下：

- 函数名以大写字母开头，如 DeleteAll( )
- 变量名以小写字母开头，如 myLine
- 常量名全部大写，如 PI
- 类的名称以大写 C 开头，如 CTriangle
- 指针变量以 p 开头，如 * pLine

2. GDI 坐标系和用户坐标变换

GDI(Graphics Device Interface，图形设备接口) 为 Windows 提供了所有的基本绘图函数。设备环境(Device Context)对设备进行了描述，提供一个抽象层次，避免应用程序直接将图形绘制到硬件中去。

GDI 坐标系是二维笛卡儿坐标系，通过两条坐标轴和原点就可以确定平面上任何一点的位置。GDI 坐标系的原点在窗口的左上角，X 轴方向向右，Y 轴方向向下，如图 4-6 所示。GDI 坐标为整数型，开发者须自行编写坐标转换程序，将实际坐标(浮点数)转换为 GDI 坐标(整数)。使用 GetClientRect 函数可以获得窗口区域的坐标范围。

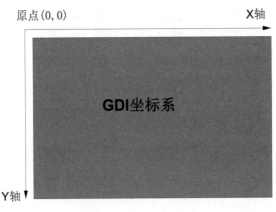

图 4-6　GDI 坐标系

3. CDC 类

- DC(Device Context，设备环境)
- CDC 类是其他设备环境类的基类，图 4-7 显示了 MFC 设备环境类的层次结构
- CDC 类提供了在显示器、打印机或窗口的客户程序区域上绘图的方法
- CDC 类是封装了使用设备环境的各种 GDI 函数的巨型容器
- CDC 类是规模很大的类，包含几百个方法和数据成员

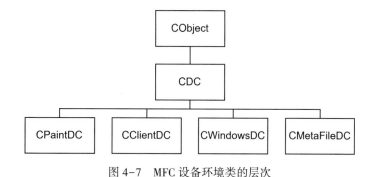

图 4-7　MFC 设备环境类的层次

4. 绘制矢量图形

在窗口中绘制图形是 CAD 系统的基本功能，以下介绍在 MFC 框架下绘制基本二维图形元素的方法。

(1) 添加绘图代码

- 在 View 类里找到 OnDraw 函数
- 在"TODO：在此处为本机数据添加绘制代码"提示后面添加绘图代码
- VS2010 以后版本还需要去掉 OnDraw 函数的 pDC 指针的注释，以便在绘图代码中使用 pDC 指针

(2) 点

- 点的数据结构

```
typedef struct tagPOINT
{
    LONG  x;       // 长整型 x 坐标
    LONG  y;       // 长整型 y 坐标
} POINT;           // 与 CPoint 类似
```

- 绘制点

```
CDC:: SetPixel();
COLORREF SetPixel( POINT point, COLORREF crColor);
```

SetPixel 函数是 CDC 类中的方法，参数 point 用于设置点的位置，参数 crColor 用于设

置点的颜色。MFC 中的颜色值 COLORREF 可以用 RGB 函数设置，RGB 函数的三个参数分别是红色、绿色、蓝色值，范围为整数 0~255。例如在(100，100)位置上画一个黑点：

```
CPoint pt(100, 100);
pDC->SetPixel(pt, RGB(0, 0, 0));
```

(3) 直线段

● 设置起点位置

```
CDC:: MoveTo();
CPoint MoveTo(int x, int y);
CPoint MoveTo(POINT point);
```

MoveTo 函数既可以输入起点的 x 和 y 坐标，也可以传递 POINT 结构或 CPoint 类的对象。

● 绘制线段(设置终点)

```
CDC:: LineTo();
BOOL LineTo(int x, int y);
BOOL LineTo(POINT point);
```

例如，在起点(200，200)和终点(300，300)之间绘制直线段：

```
CPoint pt1(200, 200), pt2(300, 300);
pDC->MoveTo(pt1);
pDC->LineTo(pt2);
```

● 绘制折线

```
CDC:: PolyLine();
BOOL PolyLine(LPPOINT lpPoints, int nCount);
```

参数 lpPoints 是点的数组指针，该数组存放所有的折线顶点，参数 nCount 设置折线的顶点数。例如，绘制四个顶点的 Z 字形折线：

```
CPoint pts[4];
pts[0].x=100;
pts[0].y=100;
pts[1].x=300;
pts[1].y=100;
pts[2].x=100;
pts[2].y=300;
pts[3].x=300;
pts[3].y=300;
pDC->Polyline(pts, 4);
```

（4）矩形

● 矩形 RECT 数据结构

```
typedef struct tagRECT
{
    LONG    left;
    LONG    top;
    LONG    right;
    LONG    bottom;
} RECT, * PRECT, NEAR * NPRECT, FAR * LPRECT;
```

● 绘制矩形

```
CDC:: Rectangle();
BOOL Rectangle(int x1, int y1, int x2, int y2);
BOOL Rectangle(LPRECT lpRect);
```

Rectangle 函数既可以输入矩形的左上角坐标(x_1, y_1)和右下角坐标(x_2, y_2)，也可以传递矩形结构或矩形类的对象。例如，绘制一矩形：

```
pDC->Rectangle(100, 100, 400, 300);
```

或

```
CRect rect(100, 100, 400, 300);
pDC->Rectangle(rect);
```

（5）椭圆和圆

● 用最小包容矩形指定椭圆的位置和大小，椭圆的长、短轴只能在水平或垂直方向上，当包容矩形为正方形时，内接椭圆将退化为圆。

● 绘制椭圆

```
CDC:: Ellipse();
BOOL Ellipse(int x1, int y1, int x2, int y2);
BOOL Ellipse(LPRECT lpRect);
```

Ellipse 函数既可以输入包容矩形的左上角坐标(x_1, y_1)和右下角坐标(x_2, y_2)，也可以传递矩形结构或矩形类的对象。例如，绘制一椭圆：

```
pDC->Ellipse(100, 100, 400, 300);
```

或

```
CRect rect(100, 100, 400, 300);
pDC->Ellipse(rect);
```

（6）多边形

● 绘制多边形（自动封闭）

```
CDC:: Polygon();
BOOL Polygon(LPPOINT lpPoints, int nCount);
```

参数 lpPoints 是点的数组指针, 该数组存放多边形顶点, 参数 nCount 设置多边形的顶点数。Polygon 函数始终绘制封闭多边形。例如, 绘制正六边形:

```
double PI=3.1415927;
CPoint pts[6];
for(int i=0; i<6; i++)
{
    pts[i].x=int(200.0+100.0*cos(PI/3.0*i));
    pts[i].y=int(200.0+100.0*sin(PI/3.0*i));
}
pDC->Polygon(pts, 6);
```

以下代码为更通用的形式, 修改顶点数 n 可以绘制任意正多边形($n \geq 3$):

```
double PI=3.1415927;
int n=6;
CPoint *pts=new CPoint[n]; //动态数组
for(int i=0; i<n; i++)
{
    pts[i].x=int(200.0+100.0*cos(2.0*PI/n*i));
    pts[i].y=int(200.0+100.0*sin(2.0*PI/n*i));
}
pDC->Polygon(pts, n);
delete[] pts;
```

(7) 文本

• 写文字

```
CDC:: TextOut();
BOOL TextOut(int x, int y, CString& str);
```

x 和 y 为文本的位置坐标, 文本字符串为 str。

• 设置文本颜色

```
CDC:: SetTextColor();
COLORREF SetTextColor(COLORREF crColor);
```

例如, 用红色写出"Peking University":

```
pDC->SetTextColor(RGB(255, 0, 0));
CString str("Peking University");
pDC->TextOut(200, 200, str);
```

例 4.1　在窗口中绘制六个三角形单元组成的六边形

在本示例中将展示创建自定义类，在文档类中添加数据及初始化，在视图类中使用数据绘图，以及几个类之间的数据交换和相互调用等技术细节。

仿照有限元分析中的平面三角形单元组成的三角形网格，在窗口中绘制由六个三角形单元组成的正六边形，并在每个三角形中心点标记单元序号，如图 4-8 所示。由于该图形的基本单元是三角形，我们将自定义 CTriangle 三角形单元类作为基本数据结构存放单元和节点信息，并添加 GetCenter 函数计算三角形中心点坐标，添加 Draw 函数实现三角形绘制。

在三角形单元类中保存节点时不宜采用 CPoint 类的对象作为数据类型，这样会造成大量的信息冗余(六个三角形单元需存放十八个点的信息)，还可能给节点重合判断带来困难。更好的做法是只在三角形单元类中保存节点的指针变量，并在文档类中建立节点数组保存节点坐标。

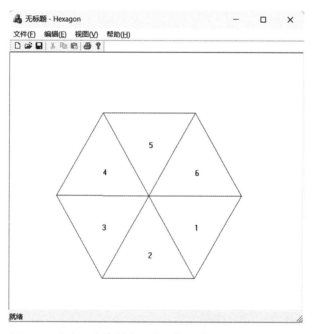

图 4-8　在窗口中绘制由六个三角形单元组成的正六边形

编程步骤如下：
(1) 创建 Hexagon 项目，添加 CTriangle 类；
(2) 在 CTriangle 类中添加成员变量和成员函数；
(3) 在文档类中添加数据；
(4) 数据的初始化；
(5) 在视图类中添加绘制代码。
以下详细介绍每个步骤的编程细节：
(1) 创建 Hexagon 项目，添加 CTriangle 类

　　按照 §4.2 节步骤创建"Hexagon"项目，在"项目"菜单中选择"添加类"，或在项目处点击右键，在弹出菜单中选择"添加 | 类"。在"添加类"对话框中的"类名"栏填写类名 CTriangle，如图 4-9 所示，按"确定"按钮。

　　此时项目在原有的五个类之外增加了自定义类 CTriangle，在项目的类视图页面中可以看到新增的类，项目打开 CTriangle.h 文件作为当前文件。

图 4-9　"添加类"对话框

（2）在 CTriangle 类中添加成员变量和成员函数

① 添加成员变量

在 CTriangle.h 头文件中写入变量声明：

`CPoint * p1, * p2, * p3;` //三角形三个顶点指针

此时，在项目的类视图页面中的 CTriangle 类中可以看到这三个成员变量。

② 添加成员函数 GetCenter( )

在 CTriangle.h 头文件中写入函数声明：

`CPoint GetCenter();` //计算并返回三角形中心点

在 CTriangle.cpp 中写入代码：

```
CPoint CTriangle:: GetCenter()
{
    CPoint center;
    center.x = int((p1->x+p2->x+p3->x) /3.0);
    center.y = int((p1->y+p2->y+p3->y) /3.0);
    return center;
}
```

此时在项目类视图中的 CTriangle 类中可以看见 GetCenter 成员函数。GetCenter 函数计算三角形单元三个节点坐标的平均值并取整，将其作为中心点坐标返回。

③ 添加成员函数 Draw( )

在 CTriangle. h 头文件中写入函数声明：

```
void Draw(CDC * pDC); //绘制三角形
```

在 CTriangle. cpp 中写入代码：

```
void CTriangle:: Draw(CDC * pDC)
{
    pDC->MoveTo( * p1);
    pDC->LineTo( * p2);
    pDC->LineTo( * p3);
    pDC->LineTo( * p1);
}
```

此时在项目类视图中的 CTriangle 类中可以看见 Draw 成员函数。Draw 函数使用传递进来的 pDC 指针绘制三角形。

添加成员变量和成员函数也可以采用对话框方式添加，方法是先在类视图页面选中 CTriangle 类，点击右键，在弹出菜单中选择"添加 | 成员变量 | 成员函数"，在对话框中填入相应的信息即可完成添加。

（3）在文档类中添加数据

按照文档/视图框架结构，应用程序的数据应存放在文档类中。在 HexagonDoc. h 头文件的"特性"段中写入以下代码：

```
CPoint center;          //六边形中心
int r;                  //六边形外接圆半径
CPoint pt[6];           //六边形顶点数组
CTriangle tri[6];       //组成六边形的三角形数组
```

在文档类中存放的数据有六边形的中心点和外接圆半径，以及六边形顶点数组和三角形单元数组。注意在文档类中仅存储了七个节点的信息。

（4）数据的初始化

文档类的数据需要初始化才能用于绘图，可以在其构造函数内给数据赋值，系统在程序启动时会先调用构造函数完成数据的初始化。在 HexagonDoc. cpp 文件的构造函数 CHexagonDoc:: CHexagonDoc( )中添加以下代码：

```
center.x = 300;
center.y = 300;
r = 200;
GeneratePoints();
```

其中给六边形中心点 center 和半径 r 直接赋值，GeneratePoints 函数则由 center 和 r 计算节

点坐标并给 *pt* 和 *tri* 数组赋值。

在 HexagonDoc. cpp 文件中添加 GeneratePoints 函数的实现代码：

```
void CHexagonDoc:: GeneratePoints()
{
    int i;
    double PI = 3.1415927;
    for(i = 0; i<6; i++)
    {
        pt[i].x = int(center.x+r * cos(PI/3.0 * i));
        pt[i].y = int(center.y+r * sin(PI/3.0 * i));
    }
    for(i = 0; i<6; i++)
    {
        tri[i].p1 = &center;
        tri[i].p2 = &pt[i];
        if(i == 5) tri[i].p3 = &pt[0];
        else tri[i].p3 = &pt[i+1];
    }
}
```

（5）在视图类中添加绘制代码

在 HexagonView. cpp 文件中 OnDraw 函数里添加如下代码：

```
CString str;
CPoint pt;
for (int i = 0; i<6; i++)
{
    pDoc->tri[i].Draw(pDC);
    str.Format("% d", i+1);
    pt = pDoc->tri[i].GetCenter();
    pDC->TextOut(pt.x, pt.y, str);
}
```

这段代码循环调用三角形类中的 Draw 函数绘制六个三角形，并在三角形中心点处标注单元号。

完成以上编程步骤后，编译、运行该程序即可得到图 4-8 所示图形。项目内各文件添加的代码汇总如下：

```
//CTriangle.h
class CTriangle
{
```

```
public:
    CPoint * p1, * p2, * p3;        //三角形三个顶点指针
    void Draw(CDC * pDC);           //绘制三角形
    CPoint GetCenter();             //计算并返回三角形中心点
};

//CTriangle.cpp
CPoint CTriangle:: GetCenter()
{
    CPoint center;
    center.x = int((p1->x+p2->x+p3->x)/3.0);
    center.y = int((p1->y+p2->y+p3->y)/3.0);
    return center;
}
void CTriangle:: Draw(CDC * pDC)
{
    pDC->MoveTo( * p1);
    pDC->LineTo( * p2);
    pDC->LineTo( * p3);
    pDC->LineTo( * p1);
}

//HexagonDoc.h
#include "CTriangle.h"
class CHexagonDoc : public CDocument
{
    ...
    //特性
    public:
        CPoint center;             //六边形中心
        int r;                     //六边形外接圆半径
        CPoint pt[6];              //六边形顶点数组
        CTriangle tri[6];          //组成六边形的三角形数组

    //操作
    public:
        void GeneratePoints(); //计算六边形顶点坐标
    ...
```

```
};

// HexagonDoc.cpp
CHexagonDoc:: CHexagonDoc()
{
    // TODO: 在此添加一次性构造代码
    center.x = 300;
    center.y = 300;
    r = 200;
    GeneratePoints();
}


void CHexagonDoc:: GeneratePoints()
{
    int i;
    double PI = 3.1415927;
    for(i = 0; i < 6; i++)
    {
        pt[i].x = int(center.x + r * cos(PI / 3.0 * i));
        pt[i].y = int(center.y + r * sin(PI / 3.0 * i));
    }
    for(i = 0; i < 6; i++)
    {
        tri[i].p1 = &center;
        tri[i].p2 = &pt[i];
        if(i == 5) tri[i].p3 = &pt[0];
        else tri[i].p3 = &pt[i+1];
    }
}


// HexagonView.cpp
void CHexagonView:: OnDraw(CDC * pDC)
{
    CHexagonDoc * pDoc = GetDocument();
    ASSERT_ VALID(pDoc);
    if (! pDoc)
        return;
```

```
//TODO：在此处为本机数据添加绘制代码
CString str;
CPoint pt;
for (int i = 0; i < 6; i++)
{
    pDoc->tri[i].Draw(pDC);
    str.Format("% d", i+1);
    pt = pDoc->tri[i].GetCenter();
    pDC->TextOut(pt.x, pt.y, str);
}
}
```

§4.5 使用图形对象

仅使用 §4.4 节中的绘图函数有时并不能满足实际需求，例如绘制不同颜色和线型的直线，不同大小和字体的文本等。MFC 定义了若干种对应于 Windows 绘图工具的图形对象，可以丰富和扩展 MFC 的绘图功能。它们包括：CPen（画笔）、CBrush（画刷）、CFont（字体）、CBitmap（位图）、CPalette（调色板）、CRgn（绘图区域）。

这些 Windows 绘图工具封装在 MFC 的图形对象类中，本节仅介绍画笔、画刷和字体，其他图形对象的创建和使用也是类似的。

使用图形对象的步骤是：
- 创建图形对象（可以使用图形对象的初始化函数，也可以直接用图形对象的构造函数创建）
- 选择新的图形对象并保留原有图形对象的指针
- 使用新的图形对象作图
- 恢复原有的图形对象

1. 画笔

创建画笔

`BOOL CreatePen(int nPenStyle, int nwidth, COLORREF crColor);`
其中参数 nPenStyle 为线型，nwidth 为宽度，crColor 为颜色。

常用的线型种类有：PS_ SOLID（实线）、PS_ DASH（虚线）、PS_ DOT（点线）、PS_ DASHDOT（点画线）、PS_ DASHDOTDOT（双点画线）。例如，使用红色虚线画笔绘制直线段：

```
CPen penRed;
penRed.CreatePen(PS_ DASH, 1, RGB(255, 0, 0)); //创建红色虚线画笔
CPen * ppenOld;                                 //定义画笔指针以存放原始画笔
```

```
ppenOld=pDC->SelectObject(&penRed);              //换红色虚线画笔
CPoint pt1(200, 200), pt2(300, 300);
pDC->MoveTo(pt1);                                //使用绘图函数绘图
pDC->LineTo(pt2);                                //使用绘图函数绘图
pDC->SelectObject(ppenOld);                      //最后恢复原始画笔
```

2. 画刷

创建画刷

```
BOOL CreateSolidBrush(COLORREF crColor);              //创建实心画刷
BOOL CreateHatchBrush(int nindex, COLORREF crColor); //创建填充画刷
BOOL CreatePatternBrush(Cbitmap * pBitmap);          //创建位图画刷
```

其中参数 nIndex 指定画刷的填充阴影线类型，可取的值如下：

- HS_ BDIAGONAL，45°的向下影线，从左到右
- HS_ CROSS，水平和垂直方向交叉网格线
- HS_ DIAGCROSS，45°方向交叉网格线
- HS_ FDIAGONAL，45°的向上阴影线，从左到右
- HS_ HORIZONTAL，水平的阴影线
- HS_ VERTICAL，垂直的阴影线

例如，使用蓝色水平垂直交叉画刷填充椭圆：

```
CBrush brushBlue;
brushBlue.CreateHatchBrush(HS_ CROSS, RGB(0, 0, 255));
CBrush * pbrushOld;                          //定义画刷指针以存放原始画刷
pbrushOld=pDC->SelectObject(&brushBlue); //换蓝色水平垂直交叉画刷
pDC->Ellipse(100, 100, 400, 300);            //使用绘图函数绘制封闭曲线
pDC->SelectObject(pbrushOld);                //最后恢复原始画刷
```

3. 字体

创建字体
```
BOOL CreatePointFont( int nPointSize, LPCTSTR lpszFaceName, CDC *
pDC =NULL);
```
其中，参数 nPointSize，字体高度(以 0.1 像素/ 磅为单位，例如，传递 120 表示 12 磅字体)；参数 lpszFaceName，字体名称字符串，长度不超过 30 个字符；

例如，使用 50 磅红色仿宋字体输出"北京大学"：

```
CString str("北京大学");
CFont ft;
ft.CreatePointFont(500,"仿宋", pDC);
```

```
CFont * oldFont =pDC->SelectObject(&ft);
pDC->SetTextColor(RGB(255, 0, 0));
pDC->TextOut(200, 200, str);
pDC->SelectObject(oldFont);
ft.DeleteObject();
```

例 4.2 用给定的数据在窗口中绘制底板零件图

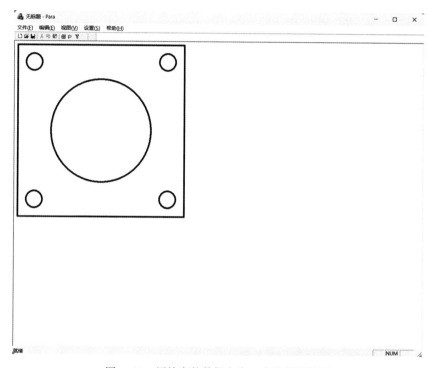

图 4-10 用给定的数据在窗口中绘制零件图

在第三章的例 3.2 和 3.4 中，我们分别使用程序输出的 SCR 和 DXF 文件生成图 4-10 中的底板零件。本例使用 MFC 类库在 Windows 窗口中绘制该零件，并创建画笔对象以使用粗线和不同绘图颜色。该零件的图形由 L_1、L_2、D_1、D_2 四个参数决定，参数的定义见图 3-14。参数 color 为绘图颜色。设零件左上角坐标为(10, 10)，由 L_1、L_2、D_1、D_2 四个参数可以用 GeneratePoints 函数计算出 P_1、P_2、P_3、P_4、C_1、C_2、C_3、C_4 和 C 这九个关键点的坐标。

本例仅使用默认数据绘图，不能修改数据和图形。在 §4.7 和 §4.8 节中我们将为该项目添加菜单、工具条和对话框，实现零件的交互式参数化设计。在 §4.9 节中，我们将为该项目添加数据保存和加载功能。

例 4.2 的编程步骤如下：

（1）创建 Para 项目

按照 §4.2 节步骤创建 Para 应用程序项目框架。

（2）在文档类的 ParaDoc. h 中添加数据，定义 GeneratePoints 函数，粗体字表示添加的代码

```
class CParaDoc : public CDocument
{
public：
    void GeneratePoints();
    int L1, L2, D1, D2;
    CPoint p1, p2, p3, p4, c, c1, c2, c3, c4;
    COLORREF color;
}
```

在文档类的 ParaDoc. cpp 中添加 GeneratePoints 函数代码

```
void CParaDoc:: GeneratePoints()
{
    p1.x=10;
    p1.y=10;
    p4.x=p1.x;
    p4.y=p1.y+L1;
    p2.x=p1.x+L1;
    p2.y=p1.y;
    p3.x=p1.x+L1;
    p3.y=p1.y+L1;
    c1.x=p1.x+(L1-L2)/2;
    c1.y=p1.y+(L1-L2)/2;
    c2.x=c1.x+L2;
    c2.y=c1.y;
    c3.x=c1.x+L2;
    c3.y=c1.y+L2;
    c4.x=c1.x;
    c4.y=c1.y+L2;
    c.x=p1.x+L1/2;
    c.y=p1.y+L1/2;
}
```

（3）在文档类的构造函数中初始化数据

```
CParaDoc:: CParaDoc()
{
    //TODO：在此添加一次性构造代码
```

```
    L1 = 500;
    L2 = 400;
    D1 = 300;
    D2 = 50;
    color = RGB(0, 0, 0);
    GeneratePoints();
}
```

（4）在视图类的 OnDraw 函数中添加绘制代码

```
void CParaView:: OnDraw(CDC * pDC)
{
    CParaDoc * pDoc = GetDocument();
    ASSERT_ VALID(pDoc);
    if (! pDoc)
        return;
    //TODO：在此处为本机数据添加绘制代码
    CPen pen;
    pen.CreatePen(PS_ SOLID, 5, pDoc->color);
    CPen * pOldPen;
    pOldPen = pDC->SelectObject(&pen);
    pDC->MoveTo(pDoc->p1);
    pDC->LineTo(pDoc->p2);
    pDC->LineTo(pDoc->p3);
    pDC->LineTo(pDoc->p4);
    pDC->LineTo(pDoc->p1);
    pDC->Ellipse(pDoc->c1.x-pDoc->D2 /2, pDoc->c1.y-pDoc->D2 /2,
    pDoc->c1.x+pDoc->D2 /2, pDoc->c1.y+pDoc->D2 /2);
    pDC->Ellipse(pDoc->c2.x-pDoc->D2 /2, pDoc->c2.y-pDoc->D2 /2,
    pDoc->c2.x+pDoc->D2 /2, pDoc->c2.y+pDoc->D2 /2);
    pDC->Ellipse(pDoc->c3.x-pDoc->D2 /2, pDoc->c3.y-pDoc->D2 /2,
    pDoc->c3.x+pDoc->D2 /2, pDoc->c3.y+pDoc->D2 /2);
    pDC->Ellipse(pDoc->c4.x-pDoc->D2 /2, pDoc->c4.y-pDoc->D2 /2,
    pDoc->c4.x+pDoc->D2 /2, pDoc->c4.y+pDoc->D2 /2);
    pDC->Ellipse(pDoc->c.x-pDoc->D1 /2, pDoc->c.y-pDoc->D1 /2,
    pDoc->c.x+pDoc->D1 /2, pDoc->c.y+pDoc->D1 /2);
    pDC->SelectObject(pOldPen);
}
```

改进：将绘图代码放入文档类。

在文档类中添加 Draw 函数并传递 pDC 指针，在视图类的 OnDraw 函数中调用文档类的 Draw 函数绘图，这样可以节省大量的"pDoc->"操作。

```
void CParaDoc:: Draw(CDC * pDC)
{
    CPen pen;
    pen.CreatePen(PS_ SOLID, 5, color);
    CPen * pOldPen;
    pOldPen =pDC->SelectObject(&pen);
    pDC->MoveTo(p1);
    pDC->LineTo(p2);
    pDC->LineTo(p3);
    pDC->LineTo(p4);
    pDC->LineTo(p1);
    pDC->Ellipse(c1.x-D2 /2, c1.y-D2 /2,
            c1.x+D2 /2, c1.y+D2 /2);
    pDC->Ellipse(c2.x-D2 /2, c2.y-D2 /2,
            c2.x+D2 /2, c2.y+D2 /2);
    pDC->Ellipse(c3.x-D2 /2, c3.y-D2 /2,
            c3.x+D2 /2, c3.y+D2 /2);
    pDC->Ellipse(c4.x-D2 /2, c4.y-D2 /2,
            c4.x+D2 /2, c4.y+D2 /2);
    pDC->Ellipse(c.x-D1 /2, c.y-D1 /2,
            c.x+D1 /2, c.y+D1 /2);
    pDC->SelectObject(pOldPen);
}

void CParaView:: OnDraw(CDC * pDC)
{
    CParaDoc * pDoc =GetDocument();
    ASSERT_ VALID(pDoc);
    //TODO: add draw code for native data here
    pDoc->Draw(pDC);
}
```

§4.6　接收用户输入

CAD 应用程序都需要具备交互式绘图和获得用户输入数据的功能，这些人机交互主要通过鼠标和键盘的动作和输入，以及对话框的数据交换来完成。本节主要介绍使用 Windows 消息处理机制来处理鼠标和键盘的信息输入。当鼠标或键盘产生动作时，Windows 系统将发送消息触发对应的 MFC 消息处理函数，我们在消息处理函数中添加相应的处理代码就可以处理鼠标和键盘的相应动作。本节主要介绍以下四种动作的处理，其他鼠标和键盘动作的处理方法是类似的。

- LButtonDown，按下鼠标左键
- RButtonDown，按下鼠标右键
- KeyDown，按下键盘键
- MouseMove，鼠标移动

我们需要在合适的类中添加相应的消息处理函数来处理鼠标或键盘的动作。具体在哪个类中添加消息处理函数，则应根据功能需要来确定。如消息触发数据操作应将消息处理函数放在文档类中，消息触发绘图操作则应将消息处理函数放在视图类中。四种动作对应的消息处理函数是

- OnLButtonDown(UINT nFlags, CPoint point)
- OnRButtonDown(UINT nFlags, CPoint point)
- OnKeyDown(UINT nChar, UINT nRepCnt, UINT nFlags)
- OnMouseMove(UINT nFlags, CPoint point)

其中参数 point 传递鼠标的当前位置坐标。

添加消息处理函数的步骤(参考图 4-11)：

图 4-11　用"类向导"对话框添加消息处理函数

- 在"项目"菜单中选择"类向导"
- 在"类向导"对话框中选择"消息"页面
- 在"消息"列表框中选择要添加的消息
- 在"类名"下拉列表框中选择要添加消息的类
- 点击"添加处理程序"按钮，可在"现有处理程序"列表框中看到所添加的消息处理函数名称
- 点击"编辑代码"按钮进入消息处理函数
- 在"TODO：在此添加消息处理程序代码和/或调用默认值"提示后添加消息处理代码

以下用几个实例展示消息处理函数的使用，这里消息处理函数均添加至视图类。

1. 鼠标左键消息处理函数

接收鼠标左键按下时的坐标（由参数 point 传递），并将坐标在消息对话框中显示。AfxMessageBox 函数是在对话框中显示字符串的 MFC 全局函数。

```
void CDrawTestView:: OnLButtonDown(UINT nFlags, CPoint point)
{
    //TODO: Add your message handler code here and/or call default
    CString str;
    str.Format("X=% d  Y=% d", point.x, point.y);
    AfxMessageBox(str);

    CView:: OnLButtonDown(nFlags, point);
}
```

鼠标右键消息处理函数的使用是类似的。

2. 按键消息处理函数

用户按下"A"键时，在窗口显示"Peking University"字样。按键消息处理的调用流程见图 4-12，"A"键的代码是 65。

```
int key; //view 类的全局变量，用以在该类的函数之间传递数据
void CDrawTestView:: OnDraw(CDC * pDC)
{
    CDrawTestDoc * pDoc =GetDocument();
    ASSERT_ VALID(pDoc);
    //TODO: add draw code for native data here
    if(key==65) pDC->TextOut(200, 200,"Peking University");
}
```

```
void CDrawTestView:: OnKeyDown ( UINT nChar, UINT nRepCnt, UINT
nFlags)
{
    //TODO: Add your message handler code here and/or call default
    key=nChar;
    Invalidate(TRUE);  //刷新图形

    CView:: OnKeyDown(nChar, nRepCnt, nFlags);
}
```

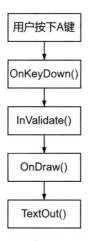

图 4-12　按键消息处理的调用流程

3. 鼠标移动消息处理

在状态条中显示当前鼠标位置的坐标是 CAD 系统的必备功能之一，其编程步骤是：

● 在 MainFrm. CPP 中的 indicators[ ]数组中增加一个 ID_ SEPARATOR，用于在状态条中增加一栏

● 在 MainFrame 类中添加函数 DisplayCoord 用于在状态条显示坐标

● 在视图类中添加 MouseMove 消息处理函数，用于跟踪用户鼠标的移动

● 在 MouseMove 函数中调用 MainFrame 类中的坐标显示函数 DisplayCoord，并传递点的位置

```
static UINT indicators[ ]=
{
    ID_ SEPARATOR,              //新增的一栏，用于显示坐标
    ID_ SEPARATOR,
    ID_ INDICATOR_ CAPS,
    ID_ INDICATOR_ NUM,
```

```
    ID_ INDICATOR_ SCRL,
};


void CMainFrame:: DisplayCoord(CPoint pt)
{
    CString str;
    str.Format("X=% d  Y=% d", pt.x, pt.y);
    m_ wndStatusBar.SetPaneText(1, str, TRUE);
}


#include "MainFrm.h"
void CDrawTestView:: OnMouseMove(UINT nFlags, CPoint point)
{
    //TODO: Add your message handler code here and/or call default
    CMainFrame * pWnd =(CMainFrame * )AfxGetMainWnd();
    pWnd->DisplayCoord(point);

    CView:: OnMouseMove(nFlags, point);
}
```

例 4.3　在窗口中交互绘制折线

掌握鼠标和键盘的消息处理机制后，就可以实现 CAD 系统的核心功能：交互绘图。例 4.3 展示了一个最基本的二维 CAD 系统(如图 4-13 所示)以及它的编程实现过程。该系统可以让用户在窗口中交互地绘制折线，并具有一定的图形编辑功能，包括按"C"键封闭

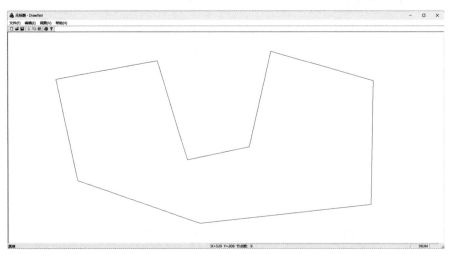

图 4-13　在窗口中交互绘制折线

图形(首尾节点相连)，点击鼠标右键删除最后一个节点和线段。同时具有一些 CAD 辅助功能，包括在状态栏显示当前鼠标位置坐标和节点数，在最后节点与当前鼠标位置之间用橡皮筋线连接以直观显示下一段线段。习题四中的第 2 题还进一步增加了菜单和工具条，以及数据存储功能。

按照 §4.2 节步骤创建 DrawTest 项目框架，再按以下步骤在项目框架中添加代码。

1. 在文档类中添加应用程序数据

```
//DrawTestDoc.h
class CDrawTestDoc : public CDocument
{
    ...
    //特性
    public:
    CPoint pt[20];  //节点数组
    int n = 0;  //节点数
    ...
}
```

2. 在视图类中添加鼠标左键消息处理函数

```
//DrawTestView.cpp
void CDrawTestView:: OnLButtonDown(UINT nFlags, CPoint point)
{
    //TODO：在此添加消息处理程序代码和/或调用默认值
    CDrawTestDoc * pDoc = GetDocument();
    pDoc->pt[pDoc->n] = point; //把当前鼠标坐标赋给 pt 数组的最后一个节点
    pDoc->n++; //节点数+1
    Invalidate(); //更新图形

    CView:: OnLButtonDown(nFlags, point);
}
```

3. 在视图类的 OnDraw 函数中添加绘图代码

```
//DrawTestView.cpp
void CDrawTestView:: OnDraw(CDC * pDC)
{
    CDrawTestDoc * pDoc = GetDocument();
```

```
ASSERT_ VALID(pDoc);
if (! pDoc)
return;

//TODO：在此处为本机数据添加绘制代码
for (int i=1; i<pDoc->n; i++)
{
    pDC->MoveTo(pDoc->pt[i]);
    pDC->LineTo(pDoc->pt[i-1]);
}
}
```

添加以上代码后，编译、运行 DrawTest 应用程序即可实现在窗口中绘制折线功能。在此基础上，以下代码进一步改善和扩展了应用程序的功能。

4. 使用 CArray 类的动态数组

上面的代码采用固定数组存储折线的节点，但实际应用中预估节点数的上界比较困难。估计偏大会造成内存浪费，估计偏小则可能出现数组越界，而数组越界会造成绘图失败甚至应用程序崩溃。以下代码使用模板化 CArray 类的动态数组，可自动管理数组内存，CArray 类的详细信息见 §4.1 节。

```
//DrawTestDoc.h
class CDrawTestDoc : public CDocument
{
    …
//特性
public:
    CArray<CPoint, CPoint&>pt; //模板化的动态节点数组
    …
}


//DrawTestView.cpp
void CDrawTestView:: OnLButtonDown(UINT nFlags, CPoint point)
{
    //TODO：在此添加消息处理程序代码和/或调用默认值
    CDrawTestDoc * pDoc=GetDocument();
    pDoc->pt.Add(point); //在数组末尾添加一个节点
    Invalidate();
    CView:: OnLButtonDown(nFlags, point);
```

```
}

void CDrawTestView:: OnDraw(CDC * pDC)
{
    CDrawTestDoc * pDoc =GetDocument();
    ASSERT_ VALID(pDoc);
    if (! pDoc)
    return;

    //TODO：在此处为本机数据添加绘制代码
    int n =pDoc->pt.GetSize(); //获得数组维数
    for (int i =1; i<n; i++)
    {
        pDC->MoveTo(pDoc->pt[i]);
        pDC->LineTo(pDoc->pt[i-1]);
    }
}
```

5. 按 C 键封闭图形(首尾节点相连)

(1) 在文档类中定义折线封闭标志(布尔值)closed：

```
//DrawTestDoc.h
class CDrawTestDoc : public CDocument
{
    ...
//特性
public:
    CArray<CPoint, CPoint&> pt; //节点数组
    bool closed =0; //折线封闭标志, 0 不封闭, 1 封闭
    ...
}
```

(2) 在视图类中添加按键消息处理函数 OnKeyDown：

```
void CDrawTestView:: OnKeyDown ( UINT nChar, UINT nRepCnt, UINT
nFlags)
{
    //TODO：在此添加消息处理程序代码和/或调用默认值
    CDrawTestDoc * pDoc =GetDocument();
    if (nChar ==67) //C 键被按下
```

```
    {
        pDoc->closed=1; //封闭标志设为 1
        Invalidate(TRUE); //刷新图形
    }

    CView::OnKeyDown(nChar, nRepCnt, nFlags);
}
```

（3）在视图类的 OnDraw 函数中添加封闭折线代码：

```
void CDrawTestView::OnDraw(CDC * pDC)
{
    ......
    //TODO：在此处为本机数据添加绘制代码
    int n=pDoc->pt.GetSize();
    for (int i=1; i<n; i++)
    {
        pDC->MoveTo(pDoc->pt[i]);
        pDC->LineTo(pDoc->pt[i-1]);
    }
    //若 closed=1 且节点数大于 1，则连接首尾节点
    if (pDoc->closed && n>1)
    {
        pDC->MoveTo(pDoc->pt[n-1]);
        pDC->LineTo(pDoc->pt[0]);
    }
}
```

6. 在窗口状态条中显示当前鼠标的位置坐标和节点数

当前鼠标的位置坐标以及图形中节点的数量是 CAD 系统中的重要信息，常见的做法是将这些信息显示在窗口右下角的状态栏里。

（1）在 MainFrm.cpp 中给状态条增加一栏，用于显示当前坐标和节点数，即在 indicators 数组中增加一个 ID_ SEPARATOR：

```
static UINT indicators[]=
{
    ID_ SEPARATOR,              //显示坐标和节点数
    ID_ SEPARATOR,
    ID_ INDICATOR_ CAPS,
    ID_ INDICATOR_ NUM,
```

```
    ID_ INDICATOR_ SCRL,
};
```

（2）在 MainFrm. h 中声明函数 DisplayCoord，用于显示当前坐标和节点数：

```
public:
    //在状态条显示当前坐标和节点数
    void DisplayCoord(CPoint pt, int n);
```

（3）在 MainFrm. cpp 增加 DisplayCoord 函数：

```
//在状态条显示当前坐标和节点数
void CMainFrame:: DisplayCoord(CPoint pt, int n)
{
    //TODO：在此处添加实现代码 .
    CString str;
    str.Format("X=% d  Y=% d 节点数:% d", pt.x, pt.y, n);
    m_ wndStatusBar.SetPaneText(1, str, TRUE);
}
```

（4）在 DrawTestView. cpp 中添加消息处理函数 OnMouseMove，并用主窗口指针调用 DisplayCoord 函数：

```
#include "MainFrm.h"
void CDrawTestView:: OnMouseMove(UINT nFlags, CPoint point)
{
    //TODO：在此添加消息处理程序代码和/或调用默认值
    CDrawTestDoc * pDoc =GetDocument();
    CMainFrame * pWnd =(CMainFrame * )AfxGetMainWnd();
    pWnd->DisplayCoord(point, pDoc->pt.GetSize()); //在状态条显示
    坐标和节点数

    CView:: OnMouseMove(nFlags, point);
}
```

7. 显示最后节点与当前鼠标位置之间的橡皮筋线

节点之间的橡皮筋线可以直观地实时显示节点相对位置和连接线，是 CAD 系统的常见功能。

（1）在 DrawTestView. cpp 中添加全局变量 current，用以记录当前鼠标的坐标。再在 OnDraw 函数中增加绘制代码，在当前鼠标位置 current 和最后一个节点之间画线：

```
CPoint current; //当前鼠标位置
```

```
void CDrawTestView:: OnDraw(CDC * pDC)
{
    ...
    //TODO：在此处为本机数据添加绘制代码
    int n =pDoc->pt.GetSize();
    for (int i =1; i<n; i++)
    {
        pDC->MoveTo(pDoc->pt[i]);
        pDC->LineTo(pDoc->pt[i-1]);
    }
    if (pDoc->closed && n>1)
    {
        pDC->MoveTo(pDoc->pt[n-1]);
        pDC->LineTo(pDoc->pt[0]);
    }
    else if (n>0)
    {
        pDC->MoveTo(pDoc->pt[n-1]);
        pDC->LineTo(current);
    }
}
```

（2）在 OnMouseMove 函数中记录当前鼠标位置并刷新图形：

```
#include "MainFrm.h"
void CDrawTestView:: OnMouseMove(UINT nFlags, CPoint point)
{
    //TODO：在此添加消息处理程序代码和／或调用默认值
    CDrawTestDoc * pDoc =GetDocument();
    CMainFrame * pWnd =(CMainFrame * )AfxGetMainWnd();
    pWnd->DisplayCoord(point, pDoc->n);
    current =point;
    if(! pDoc->closed) Invalidate();

    CView:: OnMouseMove(nFlags, point);
}
```

8. 点击鼠标右键删除最后一个节点和线段

删除节点是图形编辑的重要功能，在本例中采用点击鼠标右键方式删除最后一个节点和线段。

在 DrawTestView. cpp 中添加消息处理函数 OnRButtonDown，删除最后一个节点并刷新图形：

```
void CDrawTestView:: OnRButtonDown(UINT nFlags, CPoint point)
{
    //TODO：在此添加消息处理程序代码和/或调用默认值
    CDrawTestDoc * pDoc = GetDocument();
    int n = pDoc->pt.GetSize();
    if (n>0)
    {
        pDoc->pt.RemoveAt(n-1); //删除最后一个节点
        pDoc->closed = 0;
        Invalidate();
    }
    CView:: OnRButtonDown(nFlags, point);
}
```

§4.7　菜单和工具条设计

菜单和工具条是 Windows 应用程序图形界面的标准组件，可执行应用程序的功能或启动对话框。Windows 应用程序的菜单和工具条设计分为界面设计和代码设计两个部分。Visual Studio 中的界面设计采用所见即所得的方式，在资源视图中可直观地编辑菜单和工具按钮。代码设计包括定义菜单项和工具按钮的 ID，以及添加菜单消息处理函数。在菜单消息处理函数中添加该菜单项的执行动作代码，当菜单项被点击时系统会调用它的消息处理函数来执行相应的操作。工具按钮应与对应的菜单项关联，因此工具按钮仅需设置与关联菜单项相同的 ID 而无须添加代码。当工具按钮被点击时，系统会调用关联菜单项的消息处理函数来执行操作，也就是说点击工具按钮等同于点击关联菜单项。

下面我们为例 4.2 的应用程序项目 Para 添加菜单和工具条，菜单为"设置 | 参数"，工具条设计一"P"字母图标(icon)的按钮。子菜单"参数"和工具按钮的 ID 均设置为"ID_ Parameters"。点击子菜单或工具按钮将修改绘图颜色为红色，并在窗口重新绘制图形。

Para 项目的菜单的设计步骤如下：
- 在 "视图" 菜单中选择"资源视图"
- 双击 Menu 资源中的 IDR_ MAINFRAME(应用程序主菜单)
- 在主菜单上的"请在此处键入"栏增加新的菜单项"设置"及其下拉子菜单"参数"，见图 4-14
- 在"属性"页面中设置子菜单项"参数"的 ID 为"ID_ Parameters"，见图 4-14，主菜单项不用定义 ID

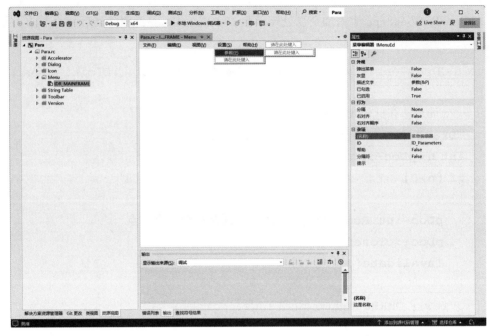

图 4-14　菜单的界面和 ID 设计

- 在子菜单项"参数"处点鼠标右键，在弹出菜单中选择"事件处理程序向导"，在"事件处理程序"对话框中添加菜单消息函数，在"类列表"中选择视图类，在"函数名"栏填入"OnParameters"，如图 4-15 所示，点击"确定"

图 4-15　添加菜单消息处理函数

- 在视图类的 OnParameters 函数中添加代码

```cpp
void CParaView:: OnParameters()
```

```
{
```
　　//TODO：在此添加命令处理程序代码
　　CParaDoc * pDoc = GetDocument();
　　pDoc->color = RGB(255, 0, 0); //修改绘图颜色为红色
　　Invalidate();
```
}
```

Para 项目的工具按钮的设计步骤如下：

- 双击 Toolbar 资源中的 IDR_ MAINFRAME(主工具条)
- 点击主工具条中最后一个空白按钮，在按钮图标处用"文本工具"输入字母"P"，(可适当美化和改变颜色)，见图 4-16
- 在"属性"页面中设置该按钮的 ID 为"ID_ Parameters"，与子菜单"参数"的 ID 相同，见图 4-16

重新编译、运行 Para 应用程序后，点击子菜单"参数"或工具按钮"P"将以红色重新绘制零件图形。在§4.8节中，我们将修改菜单和工具按钮的消息处理代码来启动参数设置对话框，实现用户交互的参数化绘图。

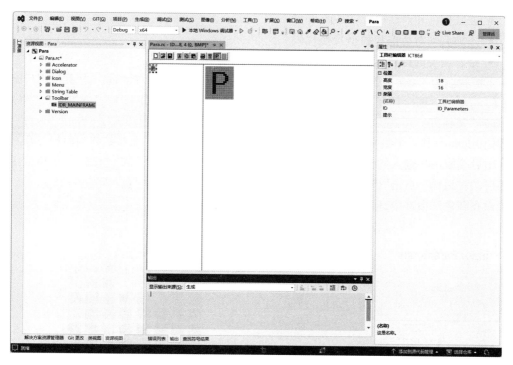

图 4-16　工具按钮的界面和 ID 设计

§4.8　对话框设计

对话框是 Windows 图形界面的重要组成部分，用于与用户交换信息和数据。Windows
应用程序的对话框设计分为界面设计和代码设计两个部分。Visual Studio 中的界面设计采
用所见即所得的方式，在资源视图中可直观地编辑对话框的外观、控件及其布局。界面设
计完成后，使用工具栏中的"测试对话框"按钮可以直观地观察对话框界面。对话框的代码
设计较为复杂，为简化数据交换代码，这里采用了控件自动数据交换机制，即通过关联控
件和对话框类的成员变量来实现二者之间的自动数据交换。在对话框启动时，程序自动将
成员变量中的数据传递到关联控件中，使控件能够显示初始数据。而在点击对话框"确定"
按钮退出时，程序自动将控件中用户输入的信息传递给关联的成员变量，以便在程序中进
一步处理用户数据。如在实际应用中涉及更复杂的对话框代码设计，可参考相关的 MFC
编程资料。

本节中对话框代码设计的步骤是：

- 定义对话框和控件的 ID
- 创建对话框类(MFC 的对话框类名称一般加"Dlg"后缀)
- 关联控件和对话框类的成员变量
- 添加启动对话框和数据交换代码
- 给有需要的控件添加消息处理函数及处理代码

下面我们为 §4.7 节的 Para 应用程序设计"Input Parameter"对话框，用于与用户交换
L_1、L_2、D_1、D_2 四个控制参数和绘图颜色 color。对话框界面见图 4-17，除默认的"确定"
和"取消"按钮外，还需要添加四个编辑框(Edit Control)、四个静态文字(Static Text)、一
个按钮(Button)和一个组框(Group Box)。要求在对话框启动时显示参数的当前值，在对话
框退出后获取用户输入的参数并重新绘制图形，通过 §4.7 节设计的"参数"子菜单或工具
按钮启动对话框。点击"Color"按钮将启动 Windows 标准颜色对话框，如图 4-18 所示，用
户可以在颜色对话框中选取新的颜色用于绘制零件图。

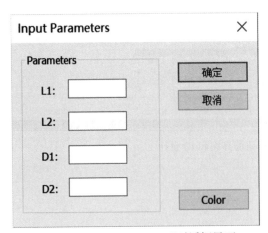

图 4-17　"Input Parameters"对话框界面

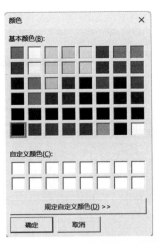

图 4-18　Windows 标准颜色对话框

Para 项目的对话框设计流程如下:

1. 创建新的对话框

在"资源视图"的"Dialog"处单击鼠标右键,在弹出菜单中选择"插入 Dialog",此时将出现一空白对话框(仅有"确定"和"取消"按钮)。在"属性"页面将"ID"项改为"IDD_Input",将"描述文字"项改为"Input Parameters"。

2. 设计对话框界面

如图 4-19 所示,在空白对话框中按照图 4-17 中对话框的控件和布局依次添加控件。"工具箱"页面提供了各种控件工具,控件也可以使用复制和粘贴功能,还可以使用工具栏中的对齐工具来精确调整控件的位置和大小。

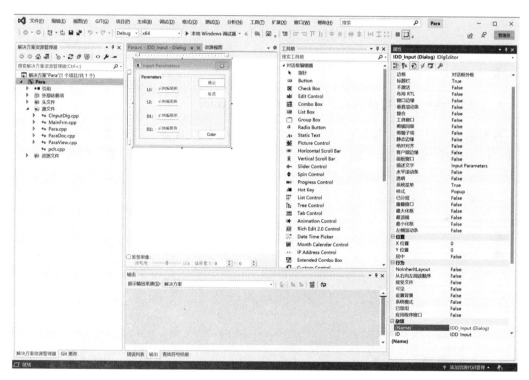

图 4-19 对话框界面设计

3. 创建对话框类

在对话框空白处单击鼠标右键,在弹出菜单中选择"添加类"。在"添加 MFC 类"对话框的"类名"栏输入"CInputDlg"(Dlg 后缀表示对话框类),如图 4-20 所示,点击"确定"按钮。这时在"类视图"页面可以看到新增加的 CInputDlg 类。

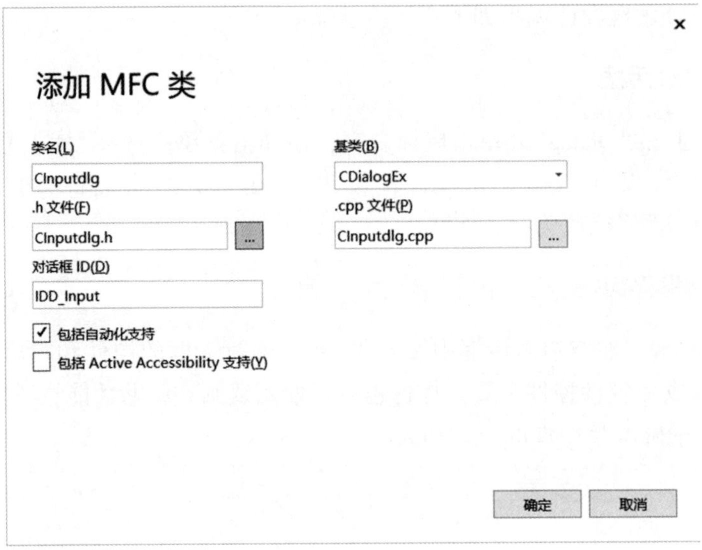

图 4-20　创建对话框类

4. 关联控件和对话框类的成员变量并添加变量 color

在对话框空白处单击鼠标右键，在弹出菜单中选择"类向导"。在"类向导"对话框（见图 4-21）中选择"成员变量"页。在成员变量列表中选择 IDC_ EDIT1（第一个编辑框），点

图 4-21　在"类向导"对话框中设置控件关联变量

击"添加变量"按钮。在"添加控制变量"对话框(见图4-22)中将"类别"改为"值","名称"改为"L1","变量类型"改为 int,点击"完成"按钮。此时在"类向导"对话框的成员变量列表中可以看到控件 IDC_ EDIT1 已与 CInputDlg 类的成员变量 L1 关联。按照相同的做法,依次分别将 IDC_ EDIT2、IDC_ EDIT3、IDC_ EDIT4 与 L2、D1、D2 关联。

　　点击"添加自定义"按钮,在"添加成员变量"对话框(见图4-23)的"变量名"处输入"color",点击"确定"。此时在"类向导"对话框的成员变量列表中可以看到自定义变量 color,见图4-21。

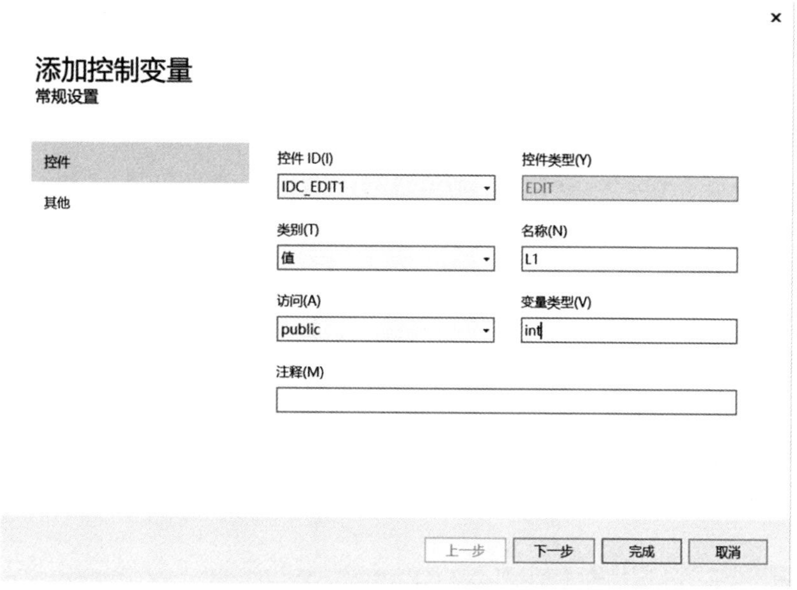

图 4-22　"添加控制变量"对话框

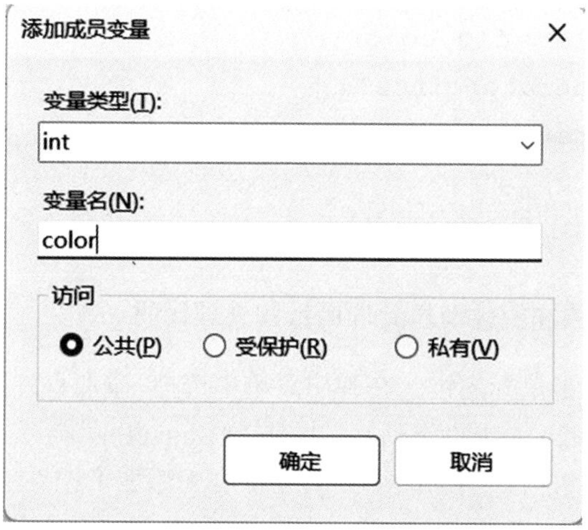

图 4-23　"添加成员变量"对话框

5. 添加启动对话框和数据交换代码

在视图类的菜单消息处理函数 OnParameters 中添加启动对话框和数据交换的代码，使得点击菜单和工具按钮就可以启动 Input Parameters 对话框。其中对话框类的 DoModel 函数将启动 Input Parameters 对话框，当用户点击"确定"退出对话框时，函数将返回 IDOK。调用 DoModal 函数之前的代码将文档类中的数据传给对话框类的成员变量，并通过关联机制自动反映在对话框的相关控件上，这样用户启动对话框时就可以看到当前的数据。DoModal 函数之后的代码则将对话框类成员变量的数据(由关联控件获得)传给文档类中的对应变量，并重新初始化和绘图。更新的图形将反映用户输入参数的变化。

```
void CParaView:: OnParameters()
{
    CParaDoc * pDoc = GetDocument();
    CInputDlg dlg;
    dlg.L1 = pDoc->L1;
    dlg.L2 = pDoc->L2;
    dlg.D1 = pDoc->D1;
    dlg.D2 = pDoc->D2;
    dlg.color = pDoc->color;
    if(dlg.DoModal() == IDOK)   //启动对话框
    {
        pDoc->L1 = dlg.L1;
        pDoc->L2 = dlg.L2;
        pDoc->D1 = dlg.D1;
        pDoc->D2 = dlg.D2;
        pDoc->color = dlg.color;
        pDoc->GeneratePoints();
        Invalidate();
    }
}
```

6. 为"Color"按钮添加控件消息处理函数和处理代码

在"Color"按钮处单击鼠标右键，在弹出菜单中选择"添加事件处理程序"。在"事件处理程序"对话框(见图 4-24)中的"类列表"中选择"CInputDlg"类，在"函数名"处输入"On-Color"，点击"确定"按钮。以上操作在 CInputDlg 类中添加了控件消息处理函数 OnColor。

在对话框类的 OnColor 函数中添加启动颜色对话框(图 4-18)以及数据交换的代码。以对话框类的成员变量 color(当前颜色值)为默认值创建颜色对话框类的对象 colorDlg，这样在颜色对话框启动后将显示当前颜色。在颜色对话框退出时，调用 GetColor 函数获取用户选定的颜色值并传递给成员变量 color。因此，这里的 color 变量既是输入参数又是输出参数。

```
void CInputDlg:: OnColor()
{
    //TODO：在此添加控件通知处理程序代码
    CColorDialog colorDlg(color);
    if(colorDlg.DoModal()==IDOK) color =colorDlg.GetColor();
}
```

图 4-24　添加控件消息处理函数对话框

在完成以上对话框设计流程后，重新编译、运行 Para 应用程序，使用该程序可以进行零件的交互式参数化设计。在 §4.9 节中，我们还将为 Para 应用程序添加数据保存和加载功能。

§4.9　保存和加载数据文件

保存和加载数据文件通常是应用程序的必备功能，它允许用户以文件形式保存当前工作数据，并在下次工作时打开数据文件作为工作起点，也可以将数据文件与其他用户共享。MFC 类库在文档/视图框架结构中为保存和加载数据提供了极大的便利，在文档类中准备了 Serialize(串行化)函数用以实现数据的保存和加载，在主菜单和工具栏中设计有打开和保存文件的菜单项和工具按钮，这些菜单项和工具按钮会启动 Windows 标准文件对话框并调用 Serialize 函数的代码。

以下我们在文档类的 Serialize 函数中为 §4.8 节的 Para 应用程序添加数据保存和加载的代码。在保存数据("保存文件"菜单项)时，将参数 L_1、L_2、D_1、D_2 和 color 顺序流入 CArchive 类的对象 ar。在加载数据("打开文件"菜单项)时，按照保存数据时的顺序从 ar 依次流出到文档类的变量中，并调用 GeneratePoints 做其他数据的初始化。加载数据文件后，系统将以新数据自动刷新图形。

```
void CParaDoc:: Serialize(CArchive& ar)
{
    if (ar.IsStoring())
    {
        //TODO：在此添加存储代码
        ar<<L1<<L2<<D1<<D2;
        ar<<color;
    }
    else
    {
        //TODO：在此添加加载代码
        ar>>L1>>L2>>D1>>D2;
        ar>>color;
        GeneratePoints();
    }
}
```

注意：对于自定义类，除非重载"<<"和">>"操作符，一般不能直接流入或流出自定义类的对象，应分别流入或流出自定义类对象的成员变量。

以下文档类的 Serialize 函数为例 4.3 的 DrawTest 应用程序添加数据保存和加载的代码。对于数组数据的保存，一般需要先储存该数组的维数，再循环保存数组的每个元素。在加载数组数据时应先读取数组维数，再循环读取数组的每个元素。

```
void CDrawTestDoc:: Serialize(CArchive& ar)
{
    int i, n;
    CPoint node;
    if (ar.IsStoring())
    {
        //TODO：在此添加存储代码
        n=pt.GetSize();
        ar<<n<<closed;
        for (i=0; i<n; i++) ar<<pt[i];
    }
    else
    {
        //TODO：在此添加加载代码
        ar>>n>>closed;
        for (i=0; i<n; i++)
```

```
        {
        ar>>node;
        pt.Add(node);
        }
    }
}
```

习　题　四

1. 在 SAP84Data. txt 文件(可在本书例题中下载)中有 SAP84 有限元分析程序的部分数据,其中以 JOINT 引导的数据段给出了 772 个节点的坐标,格式为

节点号 C=Z 坐标　　X 坐标　　Y 坐标;

以 PLANE 引导的数据段给出了 703 个四边形单元的节点号,格式为

单元号 Q=节点 1　　节点 2　　节点 3　　节点 4……

四边形单元的节点顺序如图(a)所示。

题 1 图(a)　四边形单元的节点序号

试编写一基于 MFC 的 Windows 应用程序,能读入该文件的有限元数据,将四边形网格图[见图(b)]在窗口输出,并在单元中心点处标注单元号。注意坐标变换并创建 CQuadElement 类用于四边形单元数据的存储。

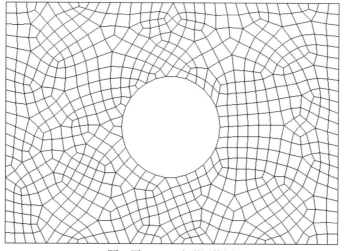

题 1 图(b)　四边形网格图

2. 编写基于 MFC 的 Windows 应用程序，要求：

- 用户可以在窗口内绘制节点和折线，标出节点及其序号，如图所示
- 按"C"键封闭图形
- 设计菜单和工具按钮实现"删除所有节点"和"删除最后一个节点"的功能
- 在状态条显示当前鼠标位置的坐标和当前节点数
- 能够保存和打开数据文件

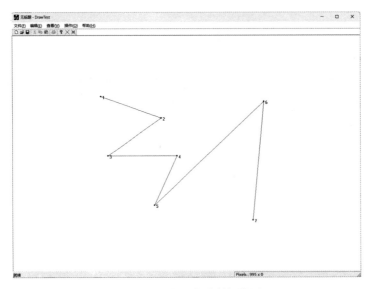

题 2 图　在窗口内绘制折线图

3. 编写基于 MFC 的 Windows 应用程序，使其能够绘制出矩形板的四边形网格，如图(a)所示。该图形可由五个参数控制：矩形板长度、矩形板宽度、长度方向分段数、宽度方向分段数、颜色。

参数由对话框输入完成，见图(b)，对话框可由四种方式启动：菜单、工具按钮、按鼠标右键、按"S"键。

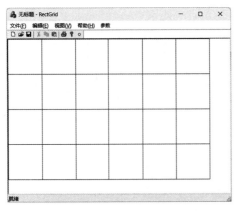

（a）窗口中的四边形网格图　　　　　（b）参数控制对话框

题 3 图

应用程序能够保存和打开数据文件。

4. 编写基于 MFC 的 Windows 应用程序 DrawCircle，实现在窗口中绘制多个圆，如图所示。仿照 AutoCAD 中圆的绘制，绘制一个圆的过程如下：用户点击鼠标左键设置圆心，随后移动鼠标时显示动态圆(以当前光标点与圆心之间的距离作为动态圆的半径)，再次点击鼠标左键时将当前光标点与圆心之间距离作为圆的半径画圆。要求：① 重复以上操作可以在窗口中绘制多个圆；② 点击鼠标右键可以使包含当前光标点的圆不可见(不再绘制该圆)；③ 能够保存图形数据到数据文件 DrawCircle. dat(只保存可见的圆)，打开该数据文件能够恢复上次绘制的图形；④ 自定义 CCircle 类存放圆的数据变量及相关函数。

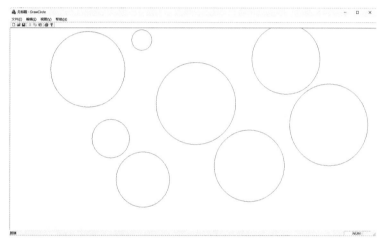

题 4 图　在窗口中绘制多个圆

第五章　ObjectARX 开发技术

本章讲述本书的核心内容之一：基于 ObjectARX 的 AutoCAD 二次开发。在 AutoCAD 众多的开发方式中，ObjectARX 开发方式是功能最强大、运行效率最高的一种，拥有与 AutoCAD 几乎相同的编程接口和控制能力，其技术本身也反映对应版本 AutoCAD 自身的开发平台和水平。基于 ObjectARX 的二次开发通常是专业开发，尤其是涉及大量数值计算的二次开发的最佳选择。本章使用 C/C++编程语言和 Visual Studio 2019 编译器。

§5.1　AutoCAD 二次开发概述

本节将简要介绍 AutoCAD 二次开发的含义、意义和分类，以及开发工具的发展历程。

1. 什么是 AutoCAD 二次开发？

AutoCAD 二次开发是指在 AutoCAD 基础上，利用开发工具拓展或新增功能，以适应实际应用的需要。AutoCAD 的二次开发可以分为三类：直接开发、间接开发和辅助开发。

2. 为什么要二次开发？

为什么要二次开发？这是我们面对一个具体工程需求时需要考虑的解决方案选择问题。一般而言，涉及 CAD 技术的工程需求可以有三种解决方案：选用合适的商业 CAD 软件，独立开发(指从图形交互底层开发，不依赖于商业 CAD 软件)以及基于 CAD 平台的二次开发。这三种解决方案各有优缺点，在选择时应结合具体的需求特点、自身开发能力水平以及资源条件综合考虑。

以商业 CAD 系统的 AutoCAD 为例加以说明。从商业软件的角度看，AutoCAD 及其系列产品的功能无疑是强大而全面的，其操作方式为工程设计人员熟知且有海量的学习资源。但是 AutoCAD 是一种通用 CAD 软件，它并不能针对某一行业的特殊需求；而且 Auto-CAD 是一种交互式软件，并不适合自动化水平较高的设计流程。此外，AutoCAD 中无法直接进行大量数值运算。

独立开发方案的优势是针对性强，可以很好地结合工程需求，开发空间大，且不依赖商业软件，但缺点是需要投入大量的人力和物力，其软件操作以及可靠性需要用户逐步熟悉、磨合和检验。当然，使用专业的开源软件库可以部分减轻独立开发的工作量。

基于 CAD 平台的二次开发方案的优势是基于 AutoCAD 等成熟商业平台及其相关工具可以节省大量的开发资源，应用程序的操作方式也与 AutoCAD 等商业软件一致。其缺点是需要用户购置商业 CAD 软件，并且应用程序需要对应不同的商业 CAD 版本。

3. 二次开发的三种方式

（1）间接开发

间接开发指应用程序通过文件与 AutoCAD 间接、单向通讯，应用程序在 AutoCAD 环境外运行，如基于 SCR 和 DXF 文件的二次开发。

优点是程序简单，对编程语言没有限制，开发环境与 AutoCAD 独立。

缺点是无法人机交互，运行环境与 AutoCAD 独立，调试困难，AutoCAD 文件执行效率低。

（2）直接开发

直接开法是指应用程序在 AutoCAD 环境内运行，能直接操作图形数据库，与 AutoCAD 双向通信，如基于 AutoLISP 和 Visual LISP、VBA 和 ActiveX、ADS 和 ADSRX、ObjectARX 几种技术的 AutoCAD 二次开发。

优点是 AutoCAD 提供丰富的库函数，可以人机交互，运行在 AutoCAD 环境中，运行效率高。缺点是程序较复杂，编程门槛较高，易引起系统崩溃。

（3）辅助开发

辅助开发则是定制为应用程序所调用或使用的辅助资源，如：CUI 界面、MNU 菜单、DCL 对话框。

4. AutoCAD 开发工具的发展

（1）AutoCAD 的第一代开发工具

AutoCAD 最早的开发工具是 20 世纪 80 年代中期 AutoCAD 2.17 版引入的 AutoLISP。LISP 语言起源于 20 世纪 50 年代后期，是一种人工智能语言。LISP 语言被选作第一种 AutoCAD 开发工具的主要原因是它特别适合 AutoCAD 的针对设计问题反复尝试不同解决方案的非结构化设计流程。

AutoLISP 基于 LISP 语言，属内嵌语言、解释型语言和表处理语言，具有程序相对简单、执行效率低、源程序无法加密、不适合大量数值运算、无集成开发环境等特点。

（2）AutoCAD 的第二代开发工具

① ADS（AutoCAD 11 版）基于流行的 C 语言，属编译型语言，通过 AutoLISP 与 Auto-CAD 通信，具有集成开发环境和丰富的库函数，执行效率较高，适合数值运算，又分为实模式和增强模式，编译器众多，执行文件为 EXE 或 EXP 后缀。

② Visual BASIC（AutoCAD 13 版）基于入门语言 BASIC，通过 OLE 与 AutoCAD 通信，功能有限，复杂功能要借助 C 语言 API。

（3）AutoCAD 的第三代开发工具

① ObjectARX（AutoCAD 13 版以上）基于面向对象技术的 C++语言，采用 DLL 动态链接库机制与 AutoCAD 通信，可以利用 MFC 类库和 Visual C++可视化开发环境，运行效率高，是目前各种开发工具中功能最强的一种，执行文件为 ARX 后缀。

② VBA（AutoCAD 14 版以上）基于流行的 Visual BASIC 语言，采用 ActiveX 机制，可成为标准安装组件，功能得到了很大扩展，执行文件为 DVB。

③ Visual LISP（AutoCAD 2000 版以上）自带集成开发环境，属编译型语言，执行文件

为 VLX。

④ NET 框架（AutoCAD 2007 版以上）功能接近 Object ARX，可使用任何支持.NET 的语言，如 VB、C++、C#、J#、Pascal、Fortran……（一般多用 C#），自动内存回收，运行效率比 Object ARX 略低。

第三代开发工具是目前 AutoCAD 二次开发使用的主流平台，这几种开发工具各有特色，具体选择时应结合开发目的和需求、开发人员编程语言背景、开发技术资源、已有的代码资源等多方面考量。图 5-1 对比了几种 AutoCAD 二次开发工具的 API 运行效率，从图中可以看出 Object ARX 应用程序在所有任务情形下都是效率最高的。不同的 AutoCAD 二次开发工具之间均有相互调用的接口，可实现多种开发方式的混合编程，表 5-1 给出了这些相互调用接口的详情。

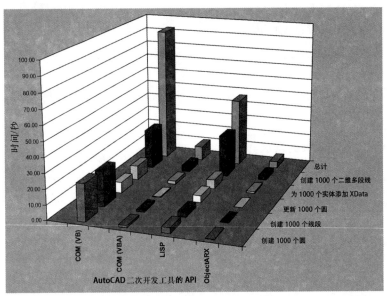

图 5-1　几种 AutoCAD 二次开发工具的 API(Application Programming Interface，应用程序接口)运行效率对比

表 5-1　几种 AutoCAD 二次开发方式相互调用的接口

		开发新的API			
		.NET	COM VBA	ObjectARX	Lisp
已有的代码基础	.NET	X	从.NET应用程序中公开一个COM服务器。开发VBA客户端以进行连接。	从.NET应用程序中公开一个COM服务器。在ARX中开发一个COM客户端以连接。	在.NET中公开自定义命令。从Lisp中调用。
	COM VBA	从VBA应用程序中公开一个COM服务器。使用.NET互操作连接。	X	从.NET应用程序中公开一个COM服务器。在ARX中开发一个COM客户端以连接。	SendCommand或VBARUN
	ObjectARX	使用受监管的C++扩展在.NET中或从ARX中公开一个COM服务器。使用.NET互操作连接。	从.NET应用程序中公开一个COM服务器。开发VBA客户端以进行连接。	X	使用acedDefun()定义Lisp函数。从Lisp调用。
	Lisp	在Lisp中公开自定义命令，并且从.NET中进行调用。	在Lisp中公开自定义命令，然后从VBA中调用。	acedCommand()或调用自定义命令	X

§5.2　ObjectARX 简介

1. 什么是 ObjectARX？

　　ObjectARX 是基于面向对象的 C++语言的 AutoCAD 二次开发函数库。ObjectARX 由 Autodesk 公司于 1997 年随 AutoCAD R14 版本首次推出，是对基于 C 语言的二次开发函数库 ADS 的改进和升级。ObjectARX 功能强大，可直接访问 AutoCAD 数据库，其应用程序（插件）具有很高的运行效率，是 AutoCAD 专业二次开发的首选。ObjectARX 应用程序实际上是一个 DLL（Dynamic Link Library，动态链接库），与 AutoCAD 共享地址空间并直接调用 AutoCAD 的函数。ObjectARX 创建的实体与 AutoCAD 内部实体没有区别，ObjectARX 命令可以看作 AutoCAD 内部命令。ObjectARX 应用程序（插件）的文件名后缀为 .ARX，需在 AutoCAD 中加载后通过 ObjectARX 命令实现操作。

2. ObjectARX 开发环境

　　下面以本章采用的 AutoCAD 2022 和 ObjectARX 2022 版为例，介绍 ObjectARX 的开发环境，其他 AutoCAD 版本对应的开发环境见表 5-2。AutoCAD 2023 版与 2022 版二进制兼容，这意味着 ObjectARX 2022 应用程序可以直接在 AutoCAD 2023 版中加载和运行，无须重新编译。

（1）ObjectARX 2022 系统要求
- 操作系统：64 位 Microsoft Windows 10 或 11
- 处理器：3+ GHz CPU
- 内存：建议 16 GB
- 硬盘空间：1.0 GB
- 编译器：Visual Studio 2019 version 16.7 with .NET 4.8（仅需安装 C++语言）
- 显示器：分辨率 1920x1080（1080p）

（2）ObjectARX 2022 集成开发环境
- 操作系统：64 位 Microsoft Windows 10 或 11
- Microsoft Visual Studio 2019（version 16.7 以上）
- AutoCAD 2022
- ObjectARX 2022
- ObjectARX Wizards 2022

表 5-2　AutoCAD 各版本对应的 ObjectARX 开发环境

ObjectARX开发版本对照表							
序号	CAD版本	版本号	二进制兼容	.NET框架	ObjectARX开发环境		VC版本号
					MAC OS平台	WINDOWS平台	VC版本	_MSC_VER
1	R14	R14.0	R14			Visual C++ 5.0	VC++ 5.0	1100
2	AutoCAD 2000	R15.0	AutoCAD 2000	N/A	N/A	Microsoft Visual Studio 6 (Service Pack 2)		
3	AutoCAD 2000i	R15.1	AutoCAD 2000i / AutoCAD 2000	N/A	N/A	Microsoft Visual Studio 6 (Service Pack 2)	VC++ 6.0	1200
4	AutoCAD 2002	R15.2	AutoCAD 2002 / AutoCAD 2000i / AutoCAD 2000	N/A	N/A	Microsoft Visual Studio 6 (Service Pack 2)		
5	AutoCAD 2004	R16.0	AutoCAD 2004		N/A			
6	AutoCAD 2005	R16.1	AutoCAD 2005 / AutoCAD 2004	1.1	N/A	Microsoft Visual Studio .NET 2002	VC++ 7.0	1300
7	AutoCAD 2006	R16.2	AutoCAD 2006 / AutoCAD 2005 / AutoCAD 2004	1.1 SP1	N/A			
8	AutoCAD 2007	R17.0	AutoCAD 2007	2.0	N/A			
9	AutoCAD 2008	R17.1	AutoCAD 2008 / AutoCAD 2007	2.0	N/A	Microsoft Visual Studio .NET 2005	VC++ 8.0	1400
10	AutoCAD 2009	R17.2	AutoCAD 2009 / AutoCAD 2008 / AutoCAD 2007	3.0	N/A			
11	AutoCAD 2010	R18.0	AutoCAD 2010		N/A			
12	AutoCAD 2011	R18.1	AutoCAD 2011 / AutoCAD 2010	3.51 SP1	Mac OS X (10.6.4+) Xcode: 3.2.5 Qt: 4.6.3 Patched/4.6.3.1 Patched (SP1) Mono: 2.6.7_3	Microsoft Visual Studio 2008 (SP1)	VC++ 9.0	1500
13	AutoCAD 2012	R18.2	AutoCAD 2012 / AutoCAD 2011 / AutoCAD 2010		Mac OS X(10.6.4+) Xcode: 3.2.5 Qt: 4.7.2 Patched Mono: 2.10.2_5			

续表

ObjectARX开发版本对照表

序号	CAD版本	版本号	二进制兼容	.NET框架	MAC OS平台	WINDOWS平台	VC版本	_MSC_VER
14	AutoCAD 2013	R19.0	AutoCAD 2013	4.0	Mac OS X (10.8) Xcode: 4.4 Qt: 4.8.1 Mono: 2.10.5 / Mac OS X (10.7.3) Xcode: 4.3.2+ Qt: 4.8.1 Mono: 2.10.5	Microsoft Visual Studio 2010 / (SP1)	VC++ 10.0	1600
15	AutoCAD 2014	R19.1	AutoCAD 2014	4.0	Mac OS X (10.8) Xcode: 4.4 Qt: 4.8.2 Mono: 2.10.5			
16	AutoCAD 2015	R20.0	AutoCAD 2015	4.5	Mac OS X (10.9) Xcode: 5.0.2Qt: 4.8.5 Mono: 3.2.7	Microsoft Visual Studio 2012 (Update 4)	VC++ 11.0	1700
17	AutoCAD 2016	R20.1	AutoCAD 2016		Mac OS X (10.9/10.10) Xcode: 5.0.2 Qt: 4.8.5 Mono: 3.2.7			
18	AutoCAD 2017	R21.0	AutoCAD 2017	4.6	Mac OS X (10.10 or later) Xcode: 7.1 Qt: 4.8.5 Mono: 4.2.1	Microsoft VisualStudio 2015(Update 1)	VC++14.0	1900
19	AutoCAD 2018	R22.0	AutoCAD 2018		Mac OS (10.12 or later) Xcode: 8.3.2 Mono: 4.6.2.7	Microsoft VisualStudio 2015 (Update 3)		
20	AutoCAD 2019	R23.0	AutoCAD 2019	4.7	Mac OS (10.13 or later) Xcode: 9.3 Mono: 5.10.0.160	Microsoft Visual Studio 2017 (Update 2)	VC++ 14.1	1910
21	AutoCAD 2020	R23.1	AutoCAD 2019 AutoCAD 2020		Mac OS (10.13 or later) Xcode: 9.3 Mono: 5.10.0.160			
22	AutoCAD 2021	R24.0	AutoCAD 2021	4.8	Mac OS (10.15 or later) Xcode: 11.3.1 Mono: 6.4.0	Microsoft Visual Studio 2019 (v16.0)	VC++ 14.2	1920
23	AutoCAD 2022	R24.1	AutoCAD 2022 AutoCAD		Mac OS (10.15 Xcode: 11.3.1 Mono: 6.4.0	Microsoft Visual Studio 2019 (v16.7)		1927
24	AutoCAD 2023	R24.2	AutoCAD 2023 AutoCAD 2022		Mac OS (10.15 or later) Xcode: 12.4 Mono:6.1.2	Microsoft Visual Studio 2019 (v16.11.5)		1929
25	AutoCAD 2024	R24.3	AutoCAD 2024 AutoCAD 2023		Mac OS (12.3 or later) Xcode:12.4 Mono:6.1.2	Microsoft Visual Studio 2022 (v17.2.6)	VC++ 14.3	1932

.NET向下兼容运行理解: 2.0版本的程序可以在.NETFramework 2.0,3.0,3.5上运行; 4.0的程序可以在 4.5,4.5.1,4.5.2,4.6,4.6.1+上运行;

3. 安装 ObjectARX 2022 和 ObjectARX Wizards 2022

（1）安装和了解 ObjectARX 2022

ObjectARX 2022 可以从 Autodesk 公司网站下载，下载网址是：

https：//www.autodesk.com/developer－network/platform－technologies/autocad/objectarx－download

ObjectARX 有 for Windows 和 for Mac 两种版本，除 §5.13 节讨论 Mac 系统下的二次开发外，我们均在 Windows 系统中进行 ObjectARX 的二次开发。ObjectARX 2022 仅支持 64 位操作系统。

下载、运行 objectarx_ for_ autocad_ 2022_ win_ 64bit_ dlm.sfx.exe，选择目标文件夹，完成压缩包的解压。解压文件后，可以看到如图 5-2 所示的文件目录，注意将目录名改为 ObjectARX。

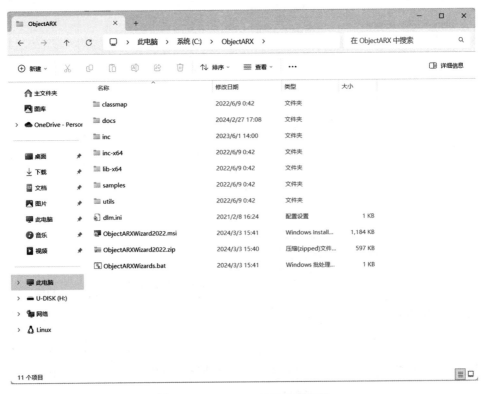

图 5-2　ObjectARX 2022 文件目录

ObjectARX 目录中 docs 子目录存放 ObjectARX 的技术文档，包括：

- ObjectARX Documentation（arxdoc.chm）
- ObjectARX Developers Guide（arxdev.chm）
- Reference Manual（arxref.chm）
- Managed Class Reference Guide（arxmgd.chm）

- Migration Guide（arxmgr. chm）
- Interoperability Guide（arxiop. chm）
- ObjectARX Readme（readarx. chm）

这些技术文档对开发者十分重要，在开发过程中可能需要经常查阅。classmap 目录存放 ObjectARX 类的结构图。inc 和 lib 目录分别存放 ObjectARX 函数库的头文件和库文件，这些文件在编译过程中是必需的。samples 目录中存放了一些 ObjectARX 程序的例子，utils 目录则包含了一些第三方开发工具，如 brep 边表示法函数库。ObjectARX 的实质是一个函数库而不是应用程序，主要提供编译时需要的库函数文件。

（2）安装 ObjectARX Wizards 2022

ObjectARX Wizards 是一个以向导方式创建和维护 ObjectARX 应用程序的实用工具软件。使用 Wizards 创建 ObjectARX 应用程序可以显著地减少手工设置的工作量，降低了 ObjectARX 开发的技术门槛，是一般开发者特别是初学者必备的工具。由于该软件由第三方公司开发，因此需要单独下载并安装。下载网址是：https：//www. autodesk. com/developer-network/platform-technologies/autocad，在该网页最后的 Tools 列表中点击 ObjectARX 2022 Wizard 进入 github 下载页面，或者直接访问 https：//github. com/ADN-DevTech/ObjectARX-Wizards/blob/ForAutoCAD2022/ObjectARXWizardsInstaller/ObjectARXWizard2022. zip。

下载并解压后得到 ObjectARXWizard2022. msi 安装文件。按照下列步骤安装 Wizards，在安装前应先安装 Visual Studio 2019。本章默认的 ObjectARX 目录为 C：\ ObjectARX，AutoCAD 安装目录为 C：\ Program Files \ Autodesk \ AutoCAD 2022。如果使用其他路径，请自行修改相关目录名。

- 复制 ObjectARXWizard2022. msi 到 ObjectARX 目录
- 在 ObjectARX 目录中新建 ObjectARXWizards. txt 文件，并写入两行代码

```
@ echo off
msiexec /i C：\ObjectARX\ObjectARXWizard2022.msi
```

- 将 ObjectARXWizards. txt 文件的后缀 . txt 改为 . bat
- 以管理员身份运行 ObjectARXWizards. bat（在该文件处点击鼠标右键选择"以管理员身份运行"）进行安装，未以管理员身份运行 bat 文件或直接运行 msi 文件安装 Wizards 可能会造成 Visual Studio 创建 ObjectARX 项目失败
- 跟随安装向导完成安装，其中最主要的设置见图 5-3。填写的 RDS 代号（可不填）将被用于项目中函数的命名。选取正确的 objectARX 安装目录和 AutoCAD 安装目录，错误的路径会导致编译失败

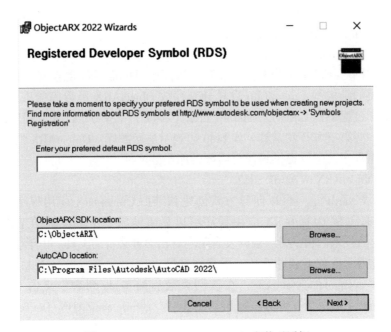

图 5-3 ObjextARX 2022 Wizards 安装对话框

§5.3 创建第一个应用程序 HelloARX

1. 使用 Wizards 创建 ObjectARX 应用程序框架

使用 Wizards 创建应用程序框架是 ObjectARX 开发流程中的第一步，后续的开发工作都是基于 Wizards 生成的应用程序框架。安装 Wizards 之后，在 Visual Studio 的创建新项目对话框中会出现 ObjectARX 项目选项，完成该选项的后续流程就可以生成 ObjectARX 应用程序框架。以下我们将使用 Wizards 创建本章的第一个 Object ARX 应用程序"HelloARX"的框架，具体步骤如下：

- 在 Visual Studio2019 的启动对话框中选择"创建新项目"
- 在"创建新项目"对话框中的项目模板列表中选择"ARX/DBX project for AutoCAD 2022"，如图 5-4 所示，点击"下一步"
- 在"配置新项目"对话框中(见图 5-5)，设置"项目名称"为 HelloARX，"位置"为 C：\，点击"创建"后进入 Wizards 界面
- 在"Welcome"页填写 RDS 代号(也可以不填)，点击"下一步"
- 在"Application Type"页选择项目类型为"ObjectARX"，如图 5-6 所示，点击"下一步"
- 在"MFC support"页选择"Extension DLL using MFC Shared DLL"，如图 5-7 所示，点击"Finish"。本章后续会使用 MFC 类库，因此这里要选择支持 MFC 类库

完成以上步骤后，Wizards 将生成 HelloARX 应用程序的框架，见图 5-8。

图 5-4　在"创建新项目"对话框中选择项目模板

图 5-5　"配置新项目"对话框

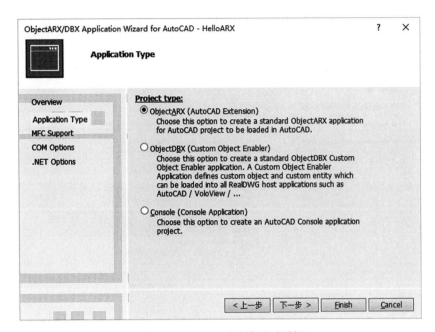

图 5-6　Wizards 项目类型对话框

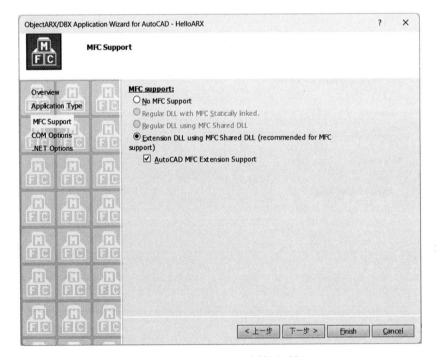

图 5-7　Wizards MFC 支持对话框

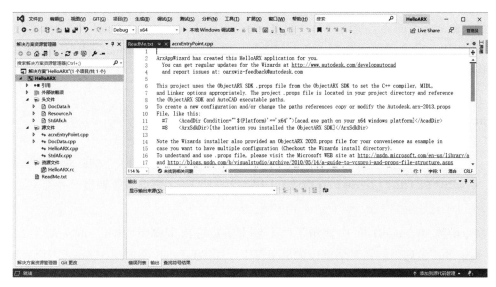

图 5-8　HelloARX 应用程序框架

2. 编写第一个 ObjectARX 应用程序 HelloARX

例 5. 1　第一个 ObjectARX 应用程序 HelloARX

我们将在 Wizards 生成的 ObjectARX 应用程序框架的基础上编写本章的第一个应用程序 HelloARX，该程序自定义了一个 ARX 命令"Hello"。其功能是：当用户在 AutoCAD 命令行输入"Hello"命令(注意"Hello"不是 AutoCAD 命令，命令不区分大小写字母)时，应用程序将在对话框和命令行中输出字符串"Hello ObjectARX 2022"。

下面我们将在 acrxEntryPoint. cpp 文件中添加自定义的 ARX 命令"Hello"及其实现代码。ARX 允许分别定义一个通用命令和一个本地命令，我们定义通用命令为"Hello"，本地命令为"你好"，这两个命令是等价的，均会调用命令函数 MyGroupHello。ARX 命令有两种注册方式：自动注册和手工注册，自动注册方式采用 ACED_ ARXCOMMAND_ ENTRY_ AUTO 宏注册命令，而手工注册方式采用 acedRegCmds->addCommand 函数注册命令，以下分别给出两种注册方式的实现。由于自动注册方式的代码更加简洁，因此推荐初学者使用自动注册方式注册 ARX 命令。

(1) 自动注册 ARX 命令"Hello"

自动注册方式注册 ARX 命令"Hello"只需将 acrxEntryPoint. cpp 的最后一段(宏区域)改为：

```
IMPLEMENT_ ARX_ ENTRYPOINT(CHelloARXApp)
ACED_ ARXCOMMAND_ ENTRY_ AUTO(CHelloARXApp, MyGroup, Hello, 你好,
ACRX_ CMD_ MODAL, NULL)
```

其中 ACED_ ARXCOMMAND_ ENTRY_ AUTO 宏自动注册"hello"命令，该命令属于命令组"MyGroup"，本地命令为"你好"，调用的命令函数为 MyGroupHello( )。

ARX 命令的实现代码放在命令函数中，当该命令被执行时应用程序会调用对应的命令函数。命令函数的命名规则为命令组名+命令名，因此 Hello 命令对应的命令函数名为 MyGroupHello。命令函数添加在 CHelloARXApp 类中"Modal Command with localized name"处，代码如下：

```
//Modal Command with localized name
static voidMyGroupHello() {
    //Put your command code here
    AfxMessageBox ( L " Hello  ObjectARX  2022 ");  //在 对 话 框 输 出
    acutPrintf(L"Hello ObjectARX 2022"); //在命令行输出
}
```

命令函数 MyGroupHello 中调用了两个输出函数输出字符串"Hello ObjectARX 2022"，AfxMessageBox 全局函数在对话框中输出字符串，而 acutPrintf 函数则在 AutoCAD 命令行输出字符串。

采用自动注册 ARX 命令时，acrxEntryPoint. cpp 文件可以简化为如下代码：

```
#include "StdAfx.h"
#include "resource.h"
class CHelloARXApp : public AcRxArxApp {
public:
    virtual void RegisterServerComponents() {}
    static void MyGroupHello () {
        AfxMessageBox(L"Hello ObjectARX 2022"); //在对话框输出 acut-
        Printf(L"Hello ObjectARX 2022"); //在命令行输出

    }
} ;
IMPLEMENT_ ARX_ ENTRYPOINT(CHelloARXApp)
ACED_ ARXCOMMAND_ ENTRY_ AUTO(CHelloARXApp, MyGroup, Hello, 你好,
ACRX_ CMD_ MODAL, NULL)
```

(2) 手工注册 ARX 命令"Hello"

手工注册命令则需要在 acrxEntryPoint. cpp 中自行添加注册命令(初始化应用程序时)和移除命令组(卸载应用程序时)的代码，以及相应的命令函数，见以下代码加粗部分。命令函数的名称需与注册命令时定义的命令函数名称一致。

```
#include "StdAfx.h"
#include "resource.h"

void Hello() //命令函数
```

```
    {
        AfxMessageBox ( L " Hello  ObjectARX  2022 ");  // 在 对 话 框 输 出
        acutPrintf(L"Hello ObjectARX 2022"); //在命令行输出
    }


class CHelloARXApp : public AcRxArxApp {
public:
    virtual AcRx:: AppRetCode On_ kInitAppMsg(void * pkt) {
        AcRx:: AppRetCode  retCode = AcRxArxApp:: On _ kInitAppMsg
        (pkt);
        acedRegCmds->addCommand(L"TEST", //命令组名称
            L"hello", //命令的名称
            L"你好",     //命令的本地名称
            ACRX_ CMD_ MODAL,
            Hello);   //命令函数
        return (retCode);
    }


    virtual AcRx:: AppRetCode On_ kUnloadAppMsg(void * pkt) {
        acedRegCmds->removeGroup(L"TEST");
    AcRx:: AppRetCode  retCode = AcRxArxApp:: On _ kUnloadAppMsg
        (pkt);
        return (retCode);
    }


    virtual void RegisterServerComponents() {}
};
IMPLEMENT_ ARX_ ENTRYPOINT(CHelloARXApp)
```

（3）编译 HelloARX 应用程序

完成添加 ARX 命令和命令函数后即可编译应用程序，在 Visual Studio 的菜单中选择"生成|生成解决方案"或按 F7 键启动编译，编译成功后将生成 HelloARX. arx 插件。如果编译中出现错误和警告，参考下面（4）和（5）中的解决方案。

注意：ARX 插件不是可执行文件，不能直接在 Visual Studio 中执行，必须在 AutoCAD 中加载和执行；编译前如果已在 AutoCAD 中加载了 ARX 插件，则必须先卸载插件才能再次编译，否则会造成编译失败。

（4）Debug 模式下编译错误的处理

如果在 Debug 模式下编译出现如下错误：

```
fatal error C1189: #error: /RTCc rejects conformant code, so it is
not supported by the C++ Standard Library. Either remove this com-
piler option, or define _ALLOW_ RTCc_ IN_ STL to acknowledge that
you have received this warning.
```

可通过 Visual Studio 菜单中的"项目 | 属性"调出项目属性对话框，在"C/C++ | 代码生成"里把"较小类型检查"设置为"否"，如图 5-9 所示。

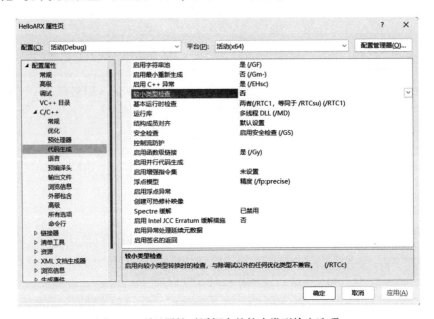

图 5-9　项目属性对话框中的较小类型检查选项

（5）屏蔽编译警告信息

为避免编译时出现以下警告信息：

```
rxapi.lib(libinit.obj) : warning LNK4099: 未找到 PDB "rxapi.pdb"
```
可在项目属性对话框的"链接器 | 命令行 | 其他选项"中添加"/ignore：4099"，配置选择"所有配置"，如图 5-10 所示。但该警告并不影响编译结果。

3. ObjectARX 应用程序的加载、卸载和执行

由于 ObjectARX 应用程序（ARX 插件）的本质是 DLL，因此不能以 EXE 文件方式直接执行，必须在 AutoCAD 中加载后，输入 ARX 命令执行。AutoCAD 可同时加载多个 ARX 插件。应用程序使用结束后，为减轻 AutoCAD 平台负担，可卸载 ARX 插件。ARX 插件卸载后 AutoCAD 将不能识别插件中的 ARX 命令。此外，重新编译 ObjectARX 应用程序前，也需要卸载 ARX 插件。

ObjectARX 应用程序的加载/卸载有三种方式：

● 工具栏方式。在工具栏"管理"页面点击"加载应用程序"按钮，在"加载/卸载应用程序"对话框（见图 5-11）中查找并选择要加载的 ARX 插件，点击"加载"按钮。加载成功

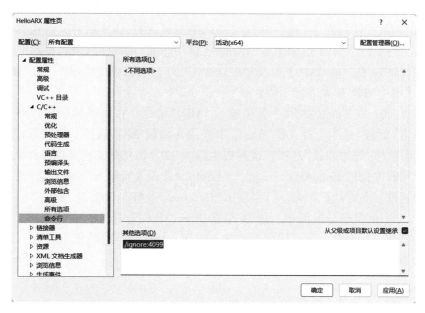

图 5-10　项目属性对话框中的链接器选项

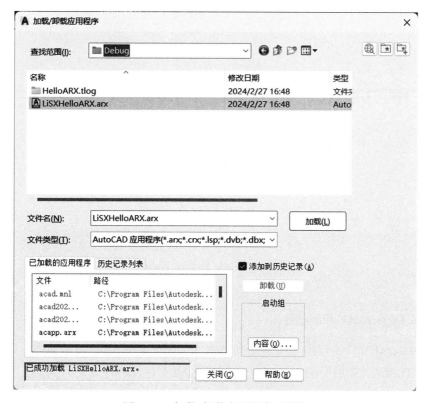

图 5-11　加载/卸载应用程序对话框

后，对话框下部的文本框内会出现"已成功加载 HelloARX. arx"提示。卸载应用程序时，在对话框中"已加载的应用程序"列表中查找并选择要卸载的 ARX 插件，点击"卸载"按钮。卸载成功后，对话框下部的文本框内会出现"已成功卸载 HelloARX. arx"提示

● 菜单方式。在 AutoCAD 下拉菜单中选择"工具｜加载应用程序"，在"加载/卸载应用程序"对话框中加载/卸载 ARX 插件

● 命令方式。在 AutoCAD 命令行中输入"ARX"命令。在加载应用程序时，输入"L"或用鼠标点击"加载"选项，在文件对话框中查找并加载 ARX 插件。在卸载应用程序时，输入"U"或用鼠标点击"卸载"选项，按照提示输入 ARX 插件的文件名即可卸载

加载应用程序插件 HelloARX. arx 后，在 AutoCAD 命令行输入"Hello"或"你好"命令即可执行应用程序，在对话框和命令行中显示"Hello ObjectARX 2022"，如图 5-12 所示。

HelloARX 应用程序是最简单、最基本的 ObjectARX 应用程序，它展示了 ObjectARX 应用程序的创建、注册命令、添加命令函数、编译、加载和运行的整个流程，这个流程是开发每一个 ObjectARX 应用程序所必须遵循的。

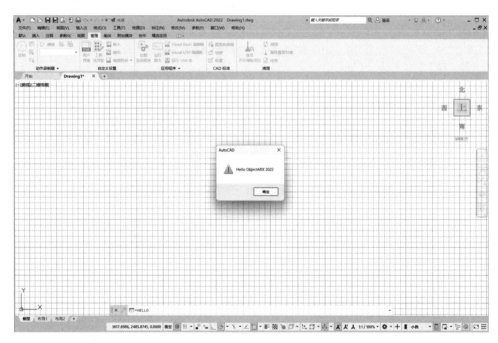

图 5-12　Hello 命令运行结果

4. 调试 ObjectARX 应用程序

由于 ObjectARX 应用程序实质是动态链接库，因此它的调试过程与 EXE 可执行程序不同，需要在调试开始后启动 AutoCAD，再加载、运行应用程序并进行调试。具体的调试步骤如下：

● 在程序中设置断点 Break Point(按 F9 键)
● 编译 Debug 版本的应用程序

- 在 Visual Studio 菜单中选择"调试 | 开始调试"或按 F5 键开始调试
- 启动 AutoCAD
- 加载 Debug 版本的 ARX 插件
- 正常操作，运行至断点时会自动回到 Visual Studio
- 在表中加入变量
- 按 F10 键单步调试，观察变量或按 Ctrl+F10 运行至光标处观察
- 调试完毕后选择 Visual Studio 菜单中的"调试 | 停止调试"或按 Shift+F5 组合键结束调试

5. ObjectARX 应用程序的数据存放和调用

ObjectARX 应用程序中包含文档类 CDocData，用户数据一般应作为成员变量存放在文档类中。命令函数在使用用户数据时，先通过全局变量 DocVars 的函数 docData 获取文档类的对象，再由该对象获取文档类中的用户数据。

下面的例子展示了如何在命令函数中调用文档类数据。在文档类中设置整型变量 n，并在文档类的构造函数中初始化 $n = 10$。在命令函数 MyGroupHello 中通过全局变量 DocVars 获取文档中的数据 n，并在命令行显示数据。具体代码如下：

```cpp
//DocData.h
class CDocData {
    //----- TODO: here you can add your variables
public:
    int n; //数据
    CDocData ();
    CDocData (const CDocData &data);
    ~CDocData ();
};


//DocDate.cpp
CDocData:: CDocData (const CDocData &data) {
    n=10; //数据初始化
}


//acrxEntryPoint.cpp
static void MyGroupHello() //命令函数
{
    CString str;
    CDocData doc =DocVars.docData(); //由 DocVars 获取文档类对象 doc
    str.Format(_ T("n=% d"), doc.n);
    acutPrintf(str);
}
```

§5.4　常用的几何类和实体类

1. ObjectARX 类库简介

ObjectARX 类库是一个功能强大、内容丰富的函数库，包括以下五个主要的类库：

（1）AcRx 类库：该类库提供了系统级的类和 C++的宏指令集，用于 DLL 应用程序的初始化、链接及实时类的注册和标识。

（2）AcEd 类库：该类库用于定义和注册新的内部命令。

（3）AcDb 类库：该类库提供了可直接访问 AutoCAD 数据库中数据结构的类，AutoCAD 数据库中包含了各种构成 AutoCAD 图形的图形对象（即实体）及非图形对象（层、线型、字体）的信息。

（4）AcGi 类库：该类库提供了许多图形界面工具用来绘制 AutoCAD 的实体。

（5）AcGe 类库：该类库可以被 AcDb 类所引用并提供诸如向量、点及转换矩阵等用于二维和三维几何操作，同时也提供简单的几何对象，如点、曲线及曲面。

2. 常用的几何类

几何类表示几何意义上的对象，用于辅助几何表达和运算，这些对象不对应实体，也不属于 AutoCAD 数据库。

（1）AcGePoint3d 类

AcGePoint3d 类是一个三维点的数据结构，主要成员变量为三个坐标方向的双精度坐标分量，同时集成了大量与点有关的操作函数，这些几何类的操作函数在很大程度上简化了 ObjectARX 开发中的几何运算代码。AcGePoint3d 类的主要成员变量和函数有：

① 主要成员变量

```
double  x, y, z;
```

② 构造函数 1

```
AcGePoint3d(double x, double y, double z);
```

③ 构造函数 2

```
AcGePoint3d(AcGePoint3d& pnt);
```

④ 赋值函数

```
AcGePoint3d& set(double x, double y, double z);
```

如 p1.set(100, 100, 0);

⑤ 两点之间的距离

```
double distanceTo(AcGePoint3d& pnt);
```

如求点 p1 到点 p2 的距离 d：

d=p1.distanceTo(p2);

⑥ 判断与另一点是否重合

```
Adesk:: Boolean isEqualTo(AcGePoint3d& pnt,
AcGeTol& tol=AcGeContext:: gTol);
```

如判断点 p1 与 p2 是否重合：

```
if(p1.isEqualTo(p2)) {…} 或 if(p1==p2) {…}
```

（2）AcGeVector3d 类

AcGeVector3d 类是一个三维矢量的数据结构，其主要成员变量和函数有：

① 主要成员变量

```
double  x, y, z;
```

② 构造函数 1

```
AcGeVector3d(double x, double y, double z);
```

③ 构造函数 2

```
AcGeVector3d(AcGeVector3d& pnt);
```

④ +-* /运算

⑤ 矢量间的夹角

```
double angleTo(AcGeVector3d& vec);
```

⑥ 矢量的长度

```
double length();
```

⑦ 矢量的单位化

```
AcGeVector3d normal()或 mornalize();
```

⑧ 矢量的方向测试

```
isParallelTo, 平行
isCodirectionalTo, 同向
isPerpendicularTo, 垂直
```

⑨ 矢量的数量积和矢量积

```
double dotProduct(AcGeVector3d& vec)，数量积(点乘)
AcGeVector3d crossProduct(AcGeVector3d& vec)，矢量积(叉乘)
```

在解决几何问题时，运用矢量的观点往往能简化几何运算，下面举两个例子来说明。

（3）矢量的应用——曲边中点问题

已知圆心 P_c 以及一段圆弧的起点 P_s 和终点 P_e，求圆弧中点 P_m，如图 5-13 所示。通常的解法涉及三角函数的运算，代码也较复杂，但使用矢量运算则可以简化代码：

```
AcGePoint3d Pm, Pc, Ps, Pe;
AcGeVector3d Vcs=Ps-Pc;
AcGeVector3d Vce=Pe-Pc;
Pm=Pc+(Vcs+Vce).mornalize()*Vcs.length();
```

（4）矢量的应用——矢量旋转

将矢量 v 围绕单位矢量 u 旋转 θ 角，求旋转后的矢量 $T(v)$。这是一个计算机图形学或计算几何中十分常见的运算，常规的算法涉及多个矩阵的相乘和求逆，计算量大。从矢量

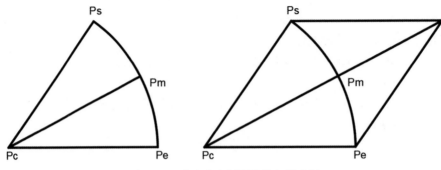

图 5-13　曲边中点问题及其矢量求解

观点考虑，可以使用罗德里格斯公式（Hecker 1997）：

$$T(\boldsymbol{v}) = (\cos\theta)\boldsymbol{v} + (1-\cos\theta)(\boldsymbol{v}\cdot\boldsymbol{u})\boldsymbol{u} + (\sin\theta)(\boldsymbol{u}\times\boldsymbol{v}),$$

该公式仅涉及矢量的点乘和叉乘运算，以及三角函数运算，因此可利用矢量类的相关函数编程来简化代码。

ObjectARX 中的 AcGeVector3d 类也有矢量旋转操作函数：

```
AcGeVector3d rotateBy(double ang, AcGeVector3d axis);
```

其中 ang 为旋转角度（弧度值，方向符合右手定则），axis 为旋转轴矢量（通过坐标原点）。

3. 常用的实体类

实体是 AutoCAD 数据库中的基本元素，也是我们后续操作的主要对象。AutoCAD 的图形在数据库中表述为实体对象的集合。在 ObjectARX 中实体的数据结构表示为实体类，实体类均是 AcDbEntity 类的子类，参见图 5-14，AcDbEntity 类的公共成员函数均可在实体类中使用。

常用的实体类及其构造函数和设置函数如下所述。

- AcDbPoint，点

```
AcDbPoint(AcGePoint3d& position); //由几何点提供位置坐标
```

- AcDbLine，线

```
AcDbLine(AcGePoint3d& startPt, AcGePoint3d& endPt);
```

- AcDbCircle，圆

```
AcDbCircle(AcGePoint3d& center,
           AcGeVector3d& normal, //圆所在平面的法向量
           double radius);
```

- AcDbArc，圆弧

```
AcDbArc(AcGePoint3d& center,
        double radius,
        double startAngle,
        double endAngle);
```

AcDbEntity

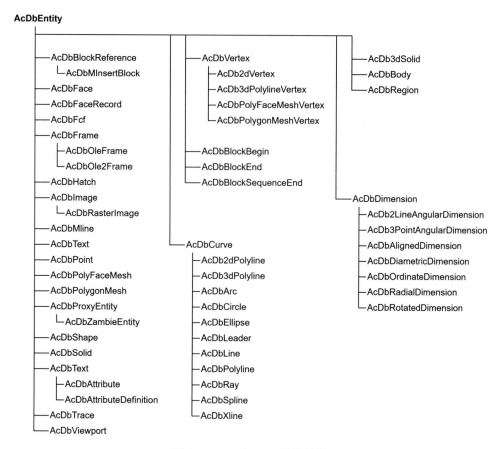

图 5-14　AcDbEntity 类的子类

- AcDbEllipse，椭圆和椭圆弧

```
AcDbEllipse(
    const AcGePoint3d& center, //椭圆中心点
    const AcGeVector3d& unitNormal, //椭圆所在平面的单位法向矢量
    const AcGeVector3d& majorAxis, //半长轴矢量
    double radiusRatio, //长短轴比
    double startAngle = 0.0, //起始角度
    double endAngle = 6.283185307179586476 92 //终止角度
);
```

- AcDbPolyline，二维多段线

```
AcDbPolyline(unsigned int num_ verts = 0); //设置顶点数量
//addVertextAt 添加多段线顶点函数，可以循环调用添加所有顶点
Acad:: ErrorStatus addVertexAt(
```

```
unsigned int index, //顶点序号(0 开始)
    const AcGePoint2d& pt, //平面几何点
    double bulge=0.0, //曲率(直线段可省略)
    double startWidth=-1.0, //起点宽度
    double endWidth=-1.0) //终点宽度
```

- AcDbText，文本

```
AcDbText(const AcGePoint3d& insertionPoint, //文本插入点
    const char * text, //文本字符串
    AcDbObjectId style=AcDbObjectId:: kNull, //文本样式
    double height=0, //文本高度
    double rotation=0) //旋转角度
```

- AcDb3dSolid，三维实体

三维实体的容器类，有专门的创建函数来创建特定的三维实体，具体见§5.6节。

- AcDbRegion，面域

使用 createFromCurves 函数由封闭曲线创建面域，具体见§5.6节。

4. ADS 的数据类型

由于 ObjectARX 仍在沿用大量 ADS 函数(函数名有 aced 前缀)，而基于 C 语言的 ADS 函数库使用了一套与 ObjectARX 完全不同的数据类型。对于同时使用 ARX 和 ADS 函数的编程，两种数据类型之间需要相互转换。ADS 常用的数据类型有以下几种。

(1) ads_ real，实数

```
typedef double ads_ real;
```

ads_ real 数据类型就是 double 数据类型。

(2) ads_ point，三维点

```
typedef ads_ real ads_ point[3];
#define X 0
#define Y 1
#define Z 2
```

ads_ point 数据类型是一个 ads_ real 类型的数组，其坐标分量可以直接使用 X、Y、Z，如：

```
ads_ point pt;
Pt[X]=100; pt[Y]=200; pt[Z]=0;
```

由 ads_ point 转换为 AcGePoint3d 示例：

```
AcGePoint3d point; //ARX 数据形式的点
ads_ point pt ={100, 100, 0}; //ADS 数据形式的点
```

```
point.x=pt[X];
point.y=pt[Y];
point.z=pt[Z];
```

（3）ads_ name，实体或选择集

在 ADS 中实体和选择集（实体的集合）使用相同的数据类型 ads_ name。

§5.5　生成二维实体

1. AutoCAD 图形数据库

从 C++语言的角度看，AutoCAD 的图是图形数据库中各种类的对象的集合。因此，所谓"绘图"就是向图形数据库中添加实体类的对象。

AutoCAD 图形数据库的主要结构如图 5-15 所示，其基本对象是实体、层表、符号表和词典。本章主要处理的实体对象存放在块表下的块表记录中。

ObjectARX 以类的方式包装图形数据库及其基本对象。AutoCAD 图形数据库的类是 AcDbDatabase，块表类是 AcDbBlockTable，块表记录类是 AcDbBlockTableRecord。在图形数据库中生成实体首先要获得当前数据库指针，本章主要讨论在当前 AutoCAD 图形中绘图，因此可以调用 acdbHostApplicationServices（ ）-> workingDatabase（ ）获得当前数据库指针。由当前数据库指针可依次获得块表指针和块表记录指针，再在块表记录中添加实体对象完成绘图，调用顺序见图 5-15。

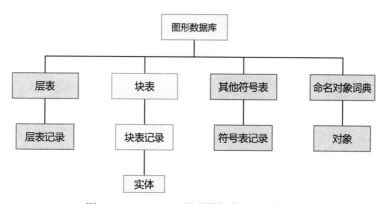

图 5-15　AutoCAD 图形数据库的主要结构

2. 生成二维实体

生成（创建）实体是 AutoCAD 二次开发中最基本、最常见的操作，本节将介绍生成二维实体的方法，§5.6 节将介绍如何生成三维实体。ObjectARX 中创建实体对象有三种方式：命令方式（acedCommandS 方式）、ADS 方式（结果缓冲器方式）、ARX 方式（增加块表记录方式），其中命令方式最简单，直接使用 AutoCAD 命令生成实体，但无法实现 AutoCAD 命令以外的功能，且运行速度慢，只适合添加少量实体。ADS 方式通过 C 语言数据结构的结果缓冲器链表生成实体，但在面向对象的开发环境下已逐渐落伍。ARX 方式通过在块表记录中添加实体对象的方式生成实体，是 ObjectARX 中生成实体的主流方式。

（1）实体生成的命令方式（acedCommandS 方式）

命令方式通过 acedCommandS 函数调用 AutoCAD 命令生成实体。acedCommandS 函数的参数必须与 AutoCAD 命令的参数一一对应。每一参数均包括一对结果类型码和值。带有对话框的 AutoCAD 命令可使用其命令行形式（加"-"前缀），例如 layer 命令的命令行形式是-layer。acedCommandS 函数需要包含头文件 #include "acedCmdNF. h"。

acedCommandS 函数的格式：acedCommand(结果类型码，值，结果类型码，值，……，RTNONE)；

结果类型码表示参数的数据类型，常用的结果类型码见表 5–3.

表 5–3　常用的结果类型码

RTNONE	没有值	RTSTR	字符串
RTREAL	实数	RTENAME	实体名
RTPOINT	二维点（$Z=0.0$）	RTPICKS	选择集名
RTSHORT	短整型	RT3DPOINT	三维点
RTANG	角度	RTLONG	长整型

例 5.2　用命令方式创建一个圆心为（100，100，0），半径为 100 的圆实体。

```
#include "acedCmdNF.h"
ads_ point center;
ads_ real r;
center[X]=100;
center[Y]=100;
center[Z]=0;
r=100.0;
acedCommandS(RTSTR, _ T("circle"), RT3DPOINT, center, RTREAL, r,
RTNONE);
```

用命令方式创建线段：一种做法是直接输入点的坐标作为参数，

```
acedCommandS(RTSTR, _ T("line"), RTSTR, _ T("100, 100, 0"),
RTSTR, _ T("300, 300, 0"), RTSTR, _ T(""), RTNONE);
```

另一种方式是先定义起点和终点，再将两个点作为参数输入。

```
ads_ point p1={100, 100, 0};
ads_ point p2={300, 300, 0};
acedCommandS(RTSTR, _ T("line"), RT3DPOINT, p1, RT3DPOINT, p2,
```

RTSTR, _ T(""), RTNONE);

注意：参数中的空格字符串相当于命令行中的回车，Line 命令需要在最后加一个回车。acedCommandS 函数的参数与 AutoCAD 命令参数不对应将造成命令运行中断或失败。

（2）实体生成的 ADS 方式（结果缓冲器方式）

结果缓冲器（result buffer）是 ADS 的核心概念之一，用来表示实体和各种表的数据信息。结果缓冲器定义为 C 语言的结构，其中包含一个联合，用于存放各种类型的数据。

```
struct resbuf {
    struct resbuf * rbnext; //指向下一个的指针
    shortrestype; //结果缓冲器类型
    union ads_ u_ valresval; //结果缓冲器值
}
union ads_ u_ val{
    ads_ realrreal;
    ads_ realrpoint[3];
    shortrint;
    char * rstring;
    longrlname[2];
    longrlong;
    struct ads_ binary rbinary;
};
```

结果缓冲器组成的链表可以表示一个实体的数据，图 5-16 显示了一个圆的结果缓冲器链表的组成。acutBuildList 函数用于将实体数据串成结果缓冲器链表，其中的实体数据采用 DXF 代码格式表示。

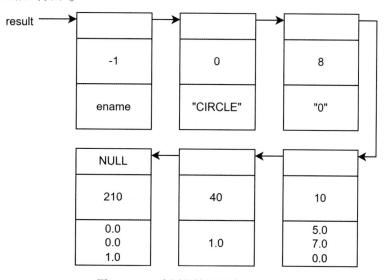

图 5-16 一个圆的结果缓冲器链表图

ADS 方式通过结果缓冲器链表生成实体，以下代码用 ADS 方式生成一个圆实体。

```
struct resbuf * entlist; //定义结果缓冲器
ads_ point center={100, 100, 0}; //定义圆心
//① 生成结果缓冲器链表
entlist=acutBuildList (RTDXF0, _ T("CIRCLE"), //定义实体名
        8, _ T("CIRCLE"), //定义图层 CIRCLE
        62, 1, //定义颜色 红色
        10, center, //定义圆心
        40, 100.0, //定义半径
        0); //列表结束
if(entlist==NULL) {//② 检查列表生成是否成功
    acdbFail (_ T("Unable to create result buffer list. \n"));
    //return RTERROR;
}
acdbEntMake(entlist); //③ 在图形数据库中生成实体
acutRelRb(entlist); //④ 释放结果缓冲器
```

(3) 实体生成的 ARX 方式(增加块表记录方式)

ARX 方式通过在图形数据库的块表记录中添加实体类的对象方式生成实体，在当前图形中生成实体的步骤是：

① 创建实体对象及设置属性，用实体类的构造函数来创建对象，使用实体类的相关函数来设置实体的属性；

② 获得当前图形的块表指针，调用 acdbHostApplicationServices ( )-> workingDatabase ( ) ->getSymbolTable 获得当前图形的块表指针；

③ 获得当前图形的块表记录指针，调用 AcDbBlockTable 类的成员函数 getAt ( )获得当前图形的块表记录指针；

④ 关闭块表；

⑤ 将实体对象写入块表记录

pBlockTableRecord->appendAcDbEntity ( );

⑥ 关闭对象(加入图形数据库的对象不能删除)；

⑦ 关闭块表记录。

例 5.3　在当前图形中生成圆心为(100, 100, 0)，半径为 100，在 *YZ* 平面上的红色圆。注：用 AutoCAD 的 Circle 命令只能生成 *XY* 平面上的圆

```
//① 创建圆对象及设置属性
AcGePoint3d center(100, 100, 0);
double radius=100.0;
AcGeVector3d v(1, 0, 0); //指定法向量
```

```
AcDbCircle * pCircle=new AcDbCircle(center, v, radius);
pCircle->setColorIndex(1); //设置实体颜色为红色
```

//② 获得当前图形的块表指针
```
AcDbBlockTable * pBlockTable;
acdbHostApplicationServices()->workingDatabase()->
getSymbolTable(pBlockTable, AcDb:: kForRead);
```

//③ 获得当前图形的块表记录指针
```
AcDbBlockTableRecord * pBlockTableRecord;
pBlockTable->getAt(ACDB_ MODEL_ SPACE, pBlockTableRecord, AcDb::
kForWrite);
```

//④ 关闭块表
```
pBlockTable->close();
```

//⑤ 将对象写入块表记录
```
AcDbObjectId circleId;
pBlockTableRecord->appendAcDbEntity(circleId, pCircle);
```

//⑥ 关闭圆对象
```
pCircle->close();
```

//⑦ 关闭块表记录
```
pBlockTableRecord->close();
```

（4）在图形数据库中添加实体的函数 AddToDatabase

为减少重复代码、提高代码的可读性和可复用性，可以将添加实体到图形数据库的代码封装为函数 AddToDatabase。

```
AcDbObjectId AddToDatabase(AcDbEntity * pEnt)
{
    AcDbObjectId entId;
    AcDbBlockTable * pBlockTable;
    acdbHostApplicationServices()->workingDatabase()->
    getSymbolTable(pBlockTable, AcDb:: kForRead);
    AcDbBlockTableRecord * pBlockTableRecord;
    pBlockTable->getAt(ACDB_ MODEL_ SPACE, pBlockTableRecord, Ac-
```

```
Db:: kForWrite);
pBlockTable->close();
pBlockTableRecord->appendAcDbEntity(entId, pEnt);
pBlockTableRecord->close();
return entId;
}
```

使用 AddToDatabase 函数后的生成圆实体代码简化为：

```
AcGePoint3d center(100, 100, 0);
double radius = 100.0;
AcGeVector3d v(1, 0, 0); //指定法向量
AcDbCircle * pCircle = new AcDbCircle(center, v, radius);
pCircle->setColorIndex(1);
AddToDatabase(pCircle); //在图形数据库中添加圆实体
pCircle->close();
```

（5）生成特定实体的自定义函数

对某种特定类型的实体，还可以将实体生成代码封装为自定义的专用函数，以提高代码的复用性。这样只需要输入实体的数据和属性即可生成相应的实体，如生成圆实体的函数 CreateCircle：

```
AcDbObjectId CreateCircle(
    AcGePoint3d center,    //圆心
    double radius,    //半径
    Adesk:: UInt16 color, //颜色
    CString layer)    //层名
{
    AcGeVector3d v(0, 0, 1);
    AcDbCircle * pCircle = new AcDbCircle(center, v, radius);
    pCircle->setColorIndex(color);
    pCircle->setLayer(layer);
    AcDbObjectId circleId = AddToDatabase(pCircle);
    pCircle->close();

    return circleId;
}
```

采用 CreateCircle 函数后的生成圆实体代码进一步简化为：

```
AcGePoint3d center(100, 100, 0);
double radius = 100.0;
```

```
CreateCircle(center, radius, 1,"0");
```

生成直线的函数 CreateLine：

```
AcDbObjectId CreateLine(
    AcGePoint3d start,        //起点
    AcGePoint3d end,          //终点
    Adesk:: UInt16 color,     //颜色
    CString layer)            //层名
{
    AcDbLine * pLine =new AcDbLine(start, end);
    pLine->setColorIndex(color);
    pLine->setLayer(layer);
    AcDbObjectId lineId =AddToDatabase(pLine);
    pLine->close();

    returnlineId;
}
```

生成二维封闭多段线（折线）的函数 CreatePolyLine：

```
AcDbObjectId CreatePolyline(
AcGePoint3dArray * vertices, //多段线的顶点数组指针
Adesk:: UInt16 color, //颜色
CString layer) //层名
{
    AcDb2dPolyline * pPline =new AcDb2dPolyline(
    AcDb:: k2dSimplePoly, * vertices, 0.0, Adesk:: kTrue);
    pPline->setColorIndex(color);
    AcDbObjectId plineId =AddToDatabase(pPline);
    pPline->setLayer(layer);
    pPline->close();

    return plineId;
}
```

例 5.4 创建一个正方形多段线

```
AcGePoint3d pt[4];
AcGePoint3dArray vertices;
pt[0].set(0, 0);
pt[1].set(1, 0);
```

```
pt[2].set(1, 1);
pt[3].set(0, 1);
for(int i = 0; i<4; i++) vertices.append(pt[i]);
CreatePolyline(&vertices, 256, "0");
```

（6）在新建图形数据库中生成实体

以上讨论了在当前图形和图形数据库中生成实体（实体生成后实时可见），另一种应用情形是将实体写入新建图形数据库（生成实体时不显示图形）并存盘。这种情形通常用于图形的批量生成，不显示生成的实体也有利于提高实体的生成速度，例 5.5 展示了实现方法和代码。

例 5.5　创建圆实体，写入新建图形数据库并存盘

创建一个新的图形数据库和一个圆实体，将圆实体写入新图形数据库，并将图形数据库存入 dwg 文件。在 AutoCAD 中打开这个 dwg 文件就可以看见该圆实体（配合缩放）。

```
//① 创建圆对象及设置属性
AcGePoint3d center(100, 100, 0);
double radius = 100.0;
AcGeVector3d v(0, 0, 1); //指定法向量
AcDbCircle * pCircle = new AcDbCircle(center, v, radius);

//② 创建新的图形数据库，获得其块表指针
AcDbDatabase * pDb = new AcDbDatabase();
AcDbBlockTable * pBlockTable;
pDb->getSymbolTable(pBlockTable, AcDb:: kForRead);

//③ 获得块表记录指针
AcDbBlockTableRecord * pBlockTableRecord;
pBlockTable->
getAt(ACDB_ MODEL_ SPACE, pBlockTableRecord, AcDb:: kForWrite);

//④ 关闭块表
pBlockTable->close();

//⑤ 将对象写入块表记录
AcDbObjectId circleId;
pBlockTableRecord->appendAcDbEntity(circleId, pCircle);

//⑥ 关闭圆对象
pCircle->close();
```

```
//⑦ 关闭块表记录
pBlockTableRecord->close();

//⑧ 将图形数据库存入文件"C：\HelloARX\test.dwg"
CString filePath(L"C：\\HelloARX\\test.dwg");
pDb->saveAs(filePath);

//⑨ 删除图形数据库
delete pDb;
```

3. 生成实体函数库 CreateEntity

在生成特定实体函数的基础上，可以将各种类型的实体生成函数集中起来，形成生成实体函数库 CreateEntity。函数库由 CreateEntity.cpp 和 CreateEntity.h 两个文件组成，可通过扫描二维码在本书第五章例题中下载。在编程时使用 CreateEntity 函数库可以直接调用相关函数生成实体，极大地简化了实体生成代码。此外，CreateEntity 函数库可以自行添加或修改相关函数，根据用户需求不断拓展新的功能。CreateEntity 函数库包含的常用实体生成函数有：

```
AcDbObjectId CreateLine( //创建直线
    AcGePoint3d start,       //起点
    AcGePoint3d end,         //终点
    Adesk::UInt16 color,     //颜色
    CString layer); //层名

AcDbObjectId CreateCircle( //创建圆
    AcGePoint3d center,       //圆心
    double radius,            //半径
    Adesk::UInt16 color,      //颜色
    CString layer);     //层名

AcDbObjectId CreateArc(    //创建圆弧
    AcGePoint3d center, //圆心
    double radius, //半径
    double startAng, //起始角度(弧度)
    double endAng, //终止角度(弧度)
    Adesk::UInt16 color, //颜色
    CString layer); //层名

AcDbObjectId CreatePolyline( //创建多段线
```

```
    AcGePoint2d * vertex, //顶点数组
    int nv, //顶点个数
    BOOL isClosed, //是否封闭
    Adesk:: UInt16 color, //颜色
    CString layer) //层名


AcDbObjectId CreateText( //创建文本
    AcGePoint3d point,    //插入点
    CString text, //文字
    double h, //高度
    Adesk:: UInt16 color, //颜色
    CString layer); //层名


AcDbObjectId CreateSolid(…) //创建填充
```

CreateEntity 函数库中还包含以下工具函数:

```
//删除所有实体
void EraseAll();
//删除层上的实体
void DeleteLayerEntities(CString name);
//添加层
void AddLayer(CString name, Adesk:: UInt16 color);
//设置层的颜色
void SetLayerColor(CString name, Adesk:: UInt16 color);
//关闭层
void SetLayerOff(CString name, bool isOff);
//添加文本样式
void AddTextStyle(CString name, CString font);
//添加实体到 AutoCAD 数据库
AcDbObjectId AddToDatabase(AcDbEntity * pEnt);
```

使用 CreateEntity 函数库(项目应支持 MFC 类库)的步骤如下:
- 将 CreateEntity. cpp 和 CreateEntity. h 两文件复制到程序所在的目录
- 在 Visual Studio 的"项目"菜单中选择"添加现有项"将程序目录中的这两个文件添加到项目中。添加完成后在"解决方案资源管理器"中可以看到这两个文件
- 在使用该库中的函数之前, 应包含头文件 #include "CreateEntity. h"

注意: 如果要生成大量实体, 则不宜使用 CreateEntity 库函数。大量使用 CreateEntity 库函数会频繁打开和关闭数据库, 造成运行速度下降。

4. 实体运动的实现

工程与科学计算的可视化中常涉及实体运动的显示, 其原理是在每次更新实体位置后

重画实体并刷新 AutoCAD 图形以显示动画效果。实现的具体方法是，当实体位置发生变化后，用 AcDbEntity 类的 Draw（）函数重画实体，并用 acedUpdateDisplay（）函数强制AutoCAD 刷新显示以产生动画效果。例 5.6 展示了如何在 AutoCAD 中显示运动的实体。

例 5.6　**圆沿正弦函数轨迹运动**

```cpp
#include "StdAfx.h"
#include "resource.h"
#include "CreateEntity.h"
#include "acedCmdNF.h"

static void MyGroupHello () {
    //缩放窗口
    acedCommandS(RTSTR, _ T("zoom"), RTSTR, _ T("w"), RTSTR, _ T
    ("0, -500"), RTSTR, _ T("1500, 500"), RTNONE);

    AcGePoint3d center(0, 0, 0);
    double radius = 100.0;
    AcGeVector3d v(0, 0, 1); //指定法向量
    AcDbCircle * pCircle = new AcDbCircle(center, v, radius);
    AddToDatabase(pCircle);

    //圆做正弦函数运动
    int n = 1000; //运动帧数
    double PI = 3.1415927;
    for (int i = 0; i <= n; i++)
    {
        Sleep(10); //延迟 0.01 秒
        center.x = 200.0 * i * 2.0 * PI / n;
        center.y = 200.0 * sin(i * 2.0 * PI / n);
        pCircle->setCenter(center); //重设圆心
        pCircle->draw(); //重画实体
        acedUpdateDisplay(); //刷新图形
    }
    pCircle->close();
}
```

5. 记录实体对象

在某些应用中需要将新生成的实体与已有实体进行比对，这时需要获得加入图形数据

库的已有实体。获取已有实体的方法可以在程序数据中预先记录加入数据库的实体对象或对象指针，也可以用遍历器遍历图形数据库来获得已有实体。例 5.7 采用了前一种方法，后一种方法可参考 §5.9 节的内容。

例 5.7　圆的随机饱和填充

填充是低维空间中不相交的实体组成的集合。本例使用随机序列添加(RSA)算法来生成二维正方形区域中等大圆的(近似)饱和填充，如图 5-17 所示。RSA 算法在正方形区域内每次试探添加一个圆心位置随机的圆，如果填充中现有的圆都不与其相交，则试探成功，该圆被添加到填充中，否则该试探被拒绝。重复以上步骤直至区域内不能添加任何圆，填充即达到饱和。由于实际试探次数不可能无限大，因此设置最大试探次数为 10^6，由此获得的填充为近似饱和填充。要求在 AutoCAD 中动态显示圆的 RSA 添加过程，并在添加结束后显示添加的圆的数量。

该例题涉及两个数组类：AcGePoint3dArray 三维点数组，用于存储点序列；AcBbVoidPtrArray 无类型指针数组，用于存储实体对象指针。以上两个数组均为 AcArray 类的模板子类，成员函数 append 在数组尾添加数组元素，length 函数获取数组长度(元素个数)，removeAll 函数清空数组。

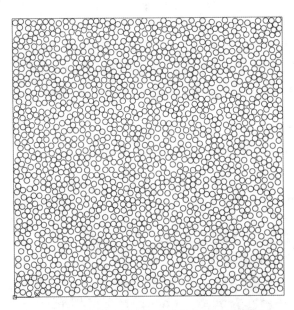

图 5-17　正方形区域中等大圆的(近似)饱和填充

方法 1：记录圆心点序列

```
double size=100.0; //正方形区域边长
long n=0; //添加次数计数器
int i;
AcGePoint3d center; //圆心
AcGeVector3d v(0, 0, 1); //圆的法向量
```

```
AcGePoint3dArray centerArray; //圆心数组
double radius = 1.0; //圆半径
double x, y;
AcDbCircle * pCircle;

//缩放窗口
ads_ point pt1 = { 0, 0, 0 };
ads_ point pt2 = { size, size, 0 };
acedCommandS ( RTSTR, L " zoom ", RTSTR, L " w ", RT3DPOINT, pt1,
RT3DPOINT, pt2, RTNONE);

EraseAll();
//画出正方形区域边界
AcGePoint3d pt[4];
AcGePoint3dArray vertices;
pt[0].set(0, 0, 0);
pt[1].set(size, 0, 0);
pt[2].set(size, size, 0);
pt[3].set(0, size, 0);
for (i = 0; i<4; i++) vertices.append(pt[i]);
CreatePolyline(&vertices, 0,"0");
vertices.removeAll();

while (n<1E6) //添加终止条件
{
    n++;
    //随机生成圆心坐标，确保圆一定在正方形内
    x = (size-2 * radius) * (double)rand() /(double)RAND_ MAX+radi-
    us;
    y = (size-2 * radius) * (double)rand() /(double)RAND_ MAX+radi-
    us;
    center.set(x, y, 0);
    for (i = 0; i<centerArray.length(); i++)
    {
        if (center.distanceTo(centerArray[i])<2.0 * radius) break;
        //与已有圆相交
    }
    if (i == centerArray.length()) //与所有圆都不相交
```

```
    {
      centerArray.append(center);
      pCircle=new AcDbCircle(center, v, radius);
      AddToDatabase(pCircle);
      pCircle->draw();
      acedUpdateDisplay(); //刷新图形
      pCircle->close();
      n=0;
    }
}
acutPrintf(L"Circle amount:% d", centerArray.length());
centerArray.removeAll();
```

方法 2：记录圆的指针

```
double size=100.0; //正方形区域边长
long n=0; //添加次数计数器
int i;
AcGePoint3d center; //圆心
AcGeVector3d v(0, 0, 1); //圆的法向量
AcDbVoidPtrArray circleArray; //圆指针数组
double radius=1.0; //圆半径
double x, y;
AcDbCircle * pCircle;

//缩放窗口
ads_ point pt1={ 0, 0, 0 };
ads_ point pt2={ size, size, 0};
acedCommandS ( RTSTR, L " zoom ", RTSTR, L " w ", RT3DPOINT, pt1,
RT3DPOINT, pt2, RTNONE);

EraseAll();
//画出正方形区域边界
AcGePoint3d pt[4];
AcGePoint3dArray vertices;
pt[0].set(0, 0, 0);
pt[1].set(size, 0, 0);
pt[2].set(size, size, 0);
pt[3].set(0, size, 0);
```

```
for (i=0; i<4; i++) vertices.append(pt[i]);
CreatePolyline(&vertices, 2,"0");
vertices.removeAll();

while (n<1E6) //添加终止条件
{
    n++;
    //随机生成圆心坐标, 确保圆一定在正方形内
    x=(size-2 * radius) * (double)rand() /(double)RAND_ MAX+radi-
    us;
    y=(size-2 * radius) * (double)rand() /(double)RAND_ MAX+radi-
    us;
    center.set(x, y, 0);
    for (i=0; i<circleArray.length(); i++)
    {
        pCircle=(AcDbCircle *) circleArray[i];
        if (center.distanceTo(pCircle ->center()) < 2.0 * radius)
        break;
    }
    if(i==circleArray.length()) //与所有圆都不相交
    {
        pCircle=new AcDbCircle(center, v, radius);
        pCircle->setColorIndex(2);
        circleArray.append(pCircle);
        AddToDatabase(pCircle);
        pCircle->draw();
        acedUpdateDisplay(); //刷新图形
        pCircle->close();
        n=0;
    }
}
acutPrintf(L"Circle amount:% d", circleArray.length());
circleArray.removeAll();
```

§5.6　生成三维实体

由于三维实体形状的复杂性, 使用 ObjectARX 生成三维实体远比二维实体复杂。三维实体的生成方法与 AutoCAD 三维实体的绘制方法类似, 主要有两类生成方法: 一类方法是

将二维面域沿某一路径移动形成三维实体，另一类方法是由基本三维实体或其他三维实体通过布尔运算得到形状更复杂的三维实体。此外，由于基本三维实体生成的位置和方向都是固定的，因此需要对生成的实体进行平移和旋转操作。

1. AcDb3dSolid 类

AutoCAD 中的三维实体由 AcDb3dSolid 类统一表述，创建 AcDb3dSolid 类时不区分具体的实体类型，但提供一系列成员函数来创建特定的三维实体，功能类似于 AutoCAD 的三维绘图命令。AcDb3dSolid 类是 AcDbEntity 类的子类，可以继承使用 AcDbEntity 类的公共成员函数。AcDb3dSolid 类不提供处理三维实体的边、顶点和面的方法，处理这些信息需使用 Brep API(在 ObjectARX 目录中的 utils/brep 子目录中)。

由于 ObjectARX 新版本中三维实体库的变迁，使用 AcDb3dSolid 实体的项目需要增加链接"AcGeomEnt. lib"库，在项目属性对话框的"链接器 | 命令行 | 其他选项"中添加"/ignore：4099 acgeoment. lib"，配置选择"所有配置"，如图 5-18 所示。或者把 AcGeomEnt. lib 库(在 ObjectARX 目录的 lib-x64 子目录中)用 VisualStudio 菜单"项目 | 添加现有项"添加进项目中。

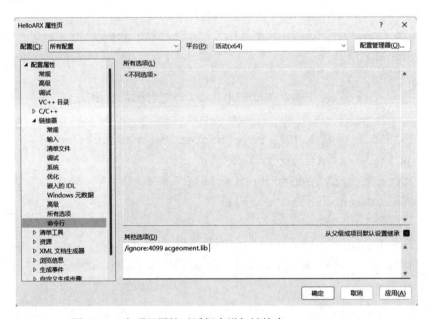

图 5-18　在项目属性对话框中增加链接库 AcGeomEnt. lib

2. 旋转面域创建实体

绕轴线旋转面域可生成轴对称的回转体，面域法线需沿轨迹圆切线方向。面域类为 AcDbRegion，可由封闭曲线生成面域，生成函数为：

```
createFromCurves(const AcDbVoidPtrArray& curveSegments,
AcDbVoidPtrArray& regions);
```

其中输入参数 curveSegments 为组成封闭曲线的无类型实体指针数组，可以存放各种类型的实体。输出参数 regions 是面域指针数组，存放由封闭曲线得到的一个或多个面域。

由面域旋转生成实体使用 AcDb3dSolid 类的成员函数 revolve：

```
revolve(const AcDbRegion * region, const AcGePoint3d&axisPoint,
const AcGeVector3d& axisDir, double angleOfRevolution);
```

其中参数 region 是旋转的对象面域指针，axisPoint 是转轴上的点，axisDir 是转轴的方向矢量，angleOfRevolution 是旋转角度(弧度)。

例 5.8 旋转面域生成 270°圆环

以下代码在 *ZX* 平面创建一个圆实体，由这个圆生成面域，将面域绕 *Z* 轴旋转 270°，得到如图 5-19 所示的开口圆环。

```
AcGePoint3d center(10, 0, 0);
AcGeVector3d v1(0, 1, 0), v2(0, 0, 1);
AcDbCircle * pCircle=new AcDbCircle(center, v1, 1.0);
AcDbVoidPtrArray a1, a2;
a1.append(pCircle);
AcDbRegion * pReg; // =new AcDbRegion();
pReg->createFromCurves(a1, a2); //construction function
pReg=(AcDbRegion * ) a2[0]; //圆只能生成一个面域
AcDb3dSolid * pSolid=new AcDb3dSolid();
center.set(0, 0, 0);
pSolid->revolve(pReg, center, v2, 1.5 * 3.1415927);
AddToDatabase(pSolid); //将 pSolid 加入图形数据库
pSolid->close();
delete pReg;
delete pCircle;
```

图 5-19　旋转面域得到的 270°圆环

例 5.9 旋转面域生成方截面半环

以下代码在 *ZX* 平面创建四个线段，由这四个线段围成一个正方形面域，将面域绕 *Z* 轴旋转 180°，得到如图 5-20 所示的方截面半环。

```
AcGePoint3d pt[4];
pt[0].set(9, 0, 1);
pt[1].set(9, 0, -1);
pt[2].set(11, 0, -1);
pt[3].set(11, 0, 1);
AcDbLine l1(pt[0], pt[1]), l2(pt[1], pt[2]), l3(pt[2], pt[3]),
l4(pt[3], pt[0]);
AcGeVector3d v(0, 0, 1);
AcDbVoidPtrArray a1, a2;
a1.append(&l1);
a1.append(&l2);
a1.append(&l3);
a1.append(&l4);
AcDbRegion * pReg;
pReg->createFromCurves(a1, a2);
pReg = (AcDbRegion * ) a2[0];
AcDb3dSolid * pSolid = new AcDb3dSolid();
AcGePoint3d center(0, 0, 0);
pSolid->revolve(pReg, center, v, 3.1415927);
delete pReg;
AddToDatabase(pSolid);
pSolid->close();
```

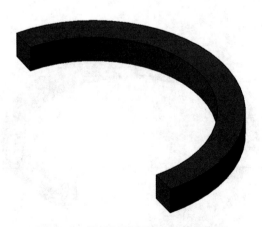

图 5-20　旋转面域得到的方截面半环

3. 拉伸面域创建实体

面域沿路径曲线运动可生成等截面或变截面的块体，面域法线方向需沿路径曲线的切线方向。下述为两个相关的 **AcDb3dSolid** 成员函数。

（1）面域沿法向拉伸生成实体

```
extrude(const AcDbRegion * region, double height, double taper);
```

其中 region 是拉伸对象面域的指针，height 是拉伸高度；taper 是拉伸角度（弧度），取值范围为 $[-\pi/2, \pi/2]$，默认值为 0（生成等截面实体）。

（2）面域沿曲线拉伸生成实体

```
extrudeAlongPath ( const AcDbRegion * egion, const AcDbCurve * path);
```

其中拉伸路径 path 必须是一个 **AcDbLine**、**AcDbArc**、**AcDbCircle**、**AcDbEllipse**、**AcDbSpline**、**AcDb2dPolyline** 对象，或一个非样条拟合 **AcDb3dPolyline** 对象。

例 5.10　通过拉伸生成三棱柱实体

以下代码在 *XY* 平面创建 3 条线段围成的一个正三角形，由这个正三角形生成面域，然后将面域沿 *Z* 轴方向拉伸得到如图 5-21 所示的三棱柱实体。

```
AcGePoint3d p1(0, 10, 0), p2(5, 0, 0), p3(-5, 0, 0);
AcDbLine l1(p1, p2), l2(p2, p3), l3(p3, p1);
AcDbVoidPtrArray a1, a2;
a1.append(&l1);
a1.append(&l2);
a1.append(&l3);
AcDbRegion * pReg;
pReg->createFromCurves(a1, a2);
pReg = (AcDbRegion * )a2[0];
AcDb3dSolid * pSolid=new AcDb3dSolid();
pSolid->extrude(pReg, 50, 0);
delete pReg;
AddToDatabase(pSolid);
pSolid->close();
```

4. 创建基本三维实体

三维实体也可以由基本实体或其他实体经布尔运算生成，AcDb3dSolid 类中创建基本三维实体的函数有如下几种。

（1）球体

```
createSphere(double radius);
```

球心位于坐标原点，参数 radius 为球的半径。

图 5-21　拉伸面域得到的三棱柱实体

（2）长方体

```
createBox(double xLen, double yLen, double zLen);
```

长方体质心位于坐标原点，参数 xLen、yLen、zLen 分别是长方体三个方向的边长。

（3）圆柱、圆锥、圆台，椭圆圆柱、圆锥、圆台

```
createFrustum ( double  height, doublexRadius, double  yRadius,
double topXRadius);
```

圆台高的中点位于坐标原点。参数 height 是圆台的高（底面到顶面的距离），xRadius 和 yRadius 分别是圆台底面椭圆的半长轴和半短轴长度，topXRadius 为圆台顶面的半长轴长度。当 xRadius＝yRadius 时，生成圆柱、圆锥、圆台，否则生成椭圆圆柱、圆锥、圆台。当 topXRadius＝xRadius 时，生成圆柱、椭圆圆柱，当 topXRadius＝0 时，生成圆锥、椭圆圆锥。

（4）金字塔、棱柱（底面为正多边形）

```
createPyramid(double height, int sides, double radius, double top-
Radius=0.0);
```

金字塔高的中点位于坐标原点。参数 height 为金字塔的高，sides 为底面正多边形的边数，radius 和 topRadius 分别为底面和顶面正多边形内切圆半径。topRadius＝0 时生成金字塔，topRadius＝topRadius 时生成棱柱。

（5）圆环

```
createTorus(double majorRadius, double minorRadius);
```

圆环中心点位于坐标原点，参数 majorRadius 和 minorRadius 分别为圆环大圆和小圆半径。

（6）楔形体

```
createWedge(double xLen, double yLen, double zLen);
```

楔形体质心位于坐标原点，参数 xLen、yLen、zLen 分别为楔形体的长、宽、高。

例 5.11　生成椭圆圆台

以下代码生成如图 5-22 所示的椭圆圆台。

```
AcDb3dSolid * pSolid=new AcDb3dSolid();
pSolid->createFrustum(100, 50, 25, 30);
AddToDatabase(pSolid);
```

```
pSolid->close();
```

图 5-22　椭圆圆台

5. 实体的平移和旋转

由上述函数生成的基本实体，其位置和方向都是固定的，因此经常需要对生成的实体进行平移和旋转操作，这些操作在其他实体的三维建模中也十分常见。平移或旋转操作需要先设置平移或旋转矩阵，相关函数如下：

（1）设置平移矩阵

```
AcGeMatrix3d:: setToTranslation(AcGeVector3d& vec);
```

其中参数 vec 是平移矢量。

（2）设置旋转矩阵

```
AcGeMatrix3d:: setToRotation (double angle, AcGeVector3d& axis,
AcGePoint3d& center=AcGePoint3d:: kOrigin);
```

其中参数 angle 是旋转角度，axis 是转轴，center 是转轴上的点。

（3）三维实体的平移和旋转

用 AcDbEntity（AcDb3dSolid 类的父类）中的 TransformBy（AcGeMatrix3d& xform)函数实现三维实体的平移和旋转，参数 xform 为平移或旋转矩阵。

例 5.12　圆柱的平移和旋转

以下代码生成一圆柱体，并将圆柱绕 Y 轴逆时针旋转 90°，再沿 X 轴正向平移 200，得到如图 5-23 所示实体。

```
AcDb3dSolid * pSolid=new AcDb3dSolid();
pSolid->createFrustum(100, 50, 50, 50);    //生成圆柱
double PI = 3.1415927;
AcGeMatrix3d mt, mr; //平移和旋转矩阵
AcGeVector3d v(0, 1, 0);    //转轴矢量(y 轴)
AcGePoint3d center(0, 0, 0);    //转轴位置点
```

```
mr.setToRotation(PI /2.0, v, center);    //设置旋转矩阵(转90度)
pSolid->transformBy(mr);    //实体旋转
v.set(200, 0, 0);    //平移矢量
mt.setToTranslation(v);    //设置平移矩阵
pSolid->transformBy(mt);    //实体平移
AddToDatabase(pSolid);
pSolid->close();
```

图 5-23   圆柱的平移和旋转

6. 实体的布尔运算

仅用几种基本三维实体不足以表示复杂形状物体，可以对多个实体进行布尔运算来构造(逼近)形状更复杂的三维物体。用 AcDb3dSolid 类的成员函数 booleanOper 进行实体布尔运算，

```
booleanOper(AcDb:: BoolOperType operation, AcDb3dSolid * solid);
```

其中，参数 solid 为与该实体做布尔运算的三维实体的指针，参数 operation 为布尔运算的类型，有以下三种：

- AcDb:: kBoolUnite, 并
- AcDb:: kBoolIntersect, 交
- AcDb:: kBoolSubtract, 差

例 5.13   球与圆柱的差集布尔运算

以下代码生成一个球和圆柱，再用球减去圆柱做差集布尔运算，得到如图 5-24 所示实体。

```
AcDb3dSolid * pSolid1 =new AcDb3dSolid();
pSolid1->createFrustum(200, 50, 50, 50);
AcDb3dSolid * pSolid2 =new AcDb3dSolid();
pSolid2->createSphere(100);
pSolid2->booleanOper(AcDb:: kBoolSubtract, pSolid1);
delete pSolid1; //Solid1 实体不加入图形数据库
AddToDatabase(pSolid2);
pSolid2->close();
```

图 5-24　球与圆柱的差集实体

7. 实体相交检测

实体相交检测是工程和科学计算中常见的操作，如机械运动的干涉检测以及颗粒之间的相交检测等。任意形体的相交检测算法复杂，计算量大。ObjectARX 提供了 checkInterference 函数，理论上可检测任意形状实体间的相交。

```
virtual Acad:: ErrorStatus checkInterference(
    const AcDb3dSolid * otherSolid, //另一个相交实体对象的指针
    Adesk:: Boolean createNewSolid, //是否创建新实体
    Adesk:: Boolean& solidsInterfere, //是否相交
    AcDb3dSolid * & commonVolumeSolid //相交后形成的新实体(交集)指针
) const;
```

实体相交检测示例代码如下：

```
AcDb3dSolid * pSolid, * pAnother, * pCommon;
Adesk:: Boolean isContacted;
pSolid->checkInterference(pAnother, Adesk:: kFalse,
isContacted, pCommon); //仅检测相交, 不生成新实体
if(isContacted) //如果两实体相交, 执行下面的代码
{
    ...
}
```

8. 其他实体工具函数

AcDb3dSolid 类还提供了一些非常实用的三维实体工具函数，常用的有以下几种。

（1）实体表面积

```
getArea(double& area);
```

其中，参数 area 为实体的表面积返回值。

（2）实体质量特性

```
getMassProp(double& volume, AcGePoint3d& centroid, double momIn-
ertia[3], double prodInertia[3], double prinMoments[3], AcGeVec-
tor3d prinAxes [ 3 ], double radiiGyration [ 3 ], AcDbExtents&
extents);
```

其中，参数 volume 是实体的体积，centroid 为实体质心；momInertia[3]，prodInertia[3]，prinMoments[3]分别为实体三个方向的转动惯量，惯性积和主惯量；prinAxes[3]和 radiiGyration[3]分别为实体三个方向的主轴和回转半径；extents 为实体的包容盒。

（3）获得截面

```
getSection(const AcGePlane& plane, AcDbRegion * & sectionRegion);
```
类似 Section 命令，参数 plane 是剖切平面，sectionRegion 为剖面面域指针。

（4）获得剖切实体

```
getSlice(const AcGePlane& plane, Adesk:: Boolean getNegHalfToo,
AcDb3dSolid * & negHalfSolid);
```

类似 Slice 命令，参数 plane 是剖切平面，getNegHalfToo 为布尔值，表示是否生成负方向(剖面法向的反方向)剖切实体，negHalfSolid 为当 getNegHalfToo = TRUE 时生成的负方向剖切实体指针。

（5）生成 STL 文件

```
stlOut(const char * fileName, Adesk:: Boolean asciiFormat);
```
其中，参数 fileName 为文件名字符串，asciiFormat 为 TURE 时生成文本 STL 文件，为 FALSE 时生成二进制 STL 文件。

§5.7　用户交互函数

ObjectARX 中的用户交互主要通过 AutoCAD 命令行交互和对话框交互进行。本节主要介绍 AutoCAD 命令行交互的方法和相关函数，也包括一些简单的对话框函数，§5.8 节将介绍 MFC 对话框交互，选择实体交互函数将在 §5.10 节中介绍。ObjectARX 中的用户交互函数基本沿用了 ADS 的相关函数，与 C/C++语言不同，ADS 对各种数据类型都有对应的输入函数。常用的命令行用户交互函数有以下几种。

（1）输入整数

```
int acedGetInt(ACHAR * prompt, int * result);
```
如 int n;
```
acedGetInt(_ T("Input n:"), &n);
```
（2）输入浮点数
```
int acedGetReal(ACHAR * prompt, ads_ real * result);
```
如 ads_ real d;
```
acedGetReal(_ T("Input d:"), &d);
```

（3）输入字符串

```
int acedGetString(int cronly, ACHAR * prompt, ACHAR * result);
```

参数 cronly = 0 时不允许 result 字符串中带有空格，

如 ACHAR ans[10];

```
acedGetString(0, _ T("Are you sure ? <Y/N>"), ans);
```

（4）输入点

```
int acedGetPoint(ads _ point pt, ACHAR * prompt, ads _ point re-
sult);
```

参数 pt 为参考点，如果指定了参考点，函数运行时会在参考点和鼠标当前位置之间连接橡皮筋线。

如 ads_ point p1;

```
acedGetPoint(NULL, _ T("Input a point:"), p1);
```

（5）输入距离（可用一线段的长度来指定）

```
int acedGetDist(ads_ point pt, ACHAR * prompt, ads_ real * result);
```

参数 pt 为参考点，如果指定了参考点，函数运行时会在参考点和鼠标当前位置之间连接橡皮筋线。

如 ads_ real d;

```
acedGetDist(NULL, _ T("Input a distance:"), &d);
```

（6）输入角度

```
int acedGetAngle(ads _ point pt, ACHAR * prompt, ads _ real * re-
sult);
```

如 ads_ real a;

```
acedGetAngle(NULL, _ T("Input an angle:"), &a);
```

（7）在文本屏幕中输出一条信息

```
int acutPrintf(const ACHAR * format, ...);
```

acutPrintf 函数和 C 语言中的 printf 函数的参数格式一致。

（8）在提示栏中显示一条信息（字符串）

```
int acedPrompt(const ACHAR * str);
```

（9）警告对话框

```
int acedAlert(const ACHAR * str);
```

（10）颜色对话框

```
Adesk:: Boolean acedSetColorDialog(
    int& nColor   //颜色的初始值和返回值
    Adesk:: Boolean bAllowMetaColor,  //布尔值，表示是否允许 BYLAYER
    和 BYBLOCK 颜色
    int nCurLayerColor);  //当前层颜色
```

注：ACHAR * 即 wchar_ t * ，是 char * 的 Unicode 版本，其字符串处理函数应以 wcs

前缀代替 str 前缀，如字符串比较用 wcscmp( )函数代替 strcmp( )函数。

例 5.14　交互式生成圆

以下代码在 AutoCAD 命令行与用户交互输入圆心、半径和颜色绘制圆。

```
ads_ point c;
ads_ real r;
AcGePoint3d center;
int color;

acedGetPoint(0, _ T(" \nGive center:"), c);
acedGetDist(c, _ T(" \nGive radius"), &r);
acedSetColorDialog(color, false, 256);
center.set(c[X], c[Y], c[Z]);
CreateCircle(center, r, color,"0");
```

例 5.15　由命令行交互实现底板零件的参数化绘图

图 5-25 所示的底板零件在例 3.2、3.4 和 4.2 中分别采用 SCR、DXF 和 MFC 开发实现了零件的参数化绘制，本节中我们将采用命令行交互的 ObjectARX 二次开发来实现该零件的参数化绘图。设 P_1 点坐标为(10，10)，零件的几何图形由 L_1、L_2、D_1、D_2 四个参数决定。

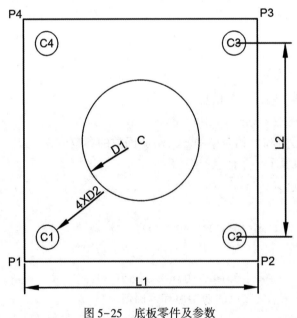

图 5-25　底板零件及参数

按以下步骤创建应用程序框架和添加代码：

（1）首先按 §5.3 节中的步骤在 Visual Studio 中创建 ObjectARX 应用程序框架

ParaARX，并添加命令 Para，其对应的命令函数为 MyGroupPara( )；

（2）按§5.5 节步骤在 ParaARX 项目中添加实体生成库文件 CreateEntity. h 和 CreateEntity. cpp；

（3）在 CDocData. h 文件中添加参数和数据以及函数声明(加粗文本部分)；

```
class CDocData
{
public:
    void Draw();
    void GeneratePoints();
    double L1, L2, D1, D2;
    AcGePoint3d p1, p2, p3, p4, c, c1, c2, c3, c4;
    int color;

    CDocData();
    ~CDocData();
}
```

（4）在 CDocData. cpp 中添加 GeneratePoints 和 Draw 两个函数的实现代码；

```
void CDocData:: GeneratePoints()
{
    p1.x=10;
    p1.y=10;
    p4.x=p1.x;
    p4.y=p1.y+L1;
    p2.x=p1.x+L1;
    p2.y=p1.y;
    p3.x=p1.x+L1;
    p3.y=p1.y+L1;
    c1.x=p1.x+(L1-L2)/2;
    c1.y=p1.y+(L1-L2)/2;
    c2.x=c1.x+L2;
    c2.y=c1.y;
    c3.x=c1.x+L2;
    c3.y=c1.y+L2;
    c4.x=c1.x;
    c4.y=c1.y+L2;
    c.x=p1.x+L1/2;
    c.y=p1.y+L1/2;
```

```
}

#include "CreateEntity.h"
void CDocData:: Draw()
{
    GeneratePoints();

    CreateLine(p1, p2, color,"0");
    CreateLine(p2, p3, color,"0");
    CreateLine(p3, p4, color,"0");
    CreateLine(p4, p1, color,"0");
    CreateCircle(c1, D2/2, color,"0");
    CreateCircle(c2, D2/2, color,"0");
    CreateCircle(c3, D2/2, color,"0");
    CreateCircle(c4, D2/2, color,"0");
    CreateCircle(c, D1/2, color,"0");
}
```

（5）在 acrxEntryPoint. cpp 文件的命令函数 MyGroupPara 中添加用户交互和绘图代码。

```
#include "CreateEntity.h"
static void MyGroupPara () {
    //Put your command code here
    EraseAll();
    CDocData * pDoc =&DocVars.docData();
    acedGetReal(_ T("Input L1 :"), &(pDoc->L1));
    acedGetReal(_ T("Input L2 :"), &(pDoc->L2));
    acedGetReal(_ T("Input D1 :"), &(pDoc->D1));
    acedGetReal(_ T("Input D2 :"), &(pDoc->D2));
    acedSetColorDialog(pDoc->color, false, 256);
    pDoc->Draw();
}
```

在 Visual Studio 中编译项目生成 ParaARX. arx，并在 AutoCAD 中加载。在命令行输入 "Para"命令，交互输入控制参数，并由此绘制零件图。以上参数化设计过程可以反复进行。

§5.8　MFC 对话框交互

基于对话框的用户交互是 Windows 图形界面的重要特征，目前的 ObjectARX 应用程序也大量采用对话框交互，其使用频率远超命令行交互。早期的 ADS/ARX 采用 DCL 语言间接设计对话框界面，现在的 ObjectARX 应用程序均主要采用 MFC 类库进行对话框设计，其设计流程与 Windows 环境下的 MFC 对话框开发并无区别。ObjectARX 定义了一些更适合在 AutoCAD 环境中使用的专用对话框类和控件类，如颜色组合框控件类 CAcUiColorCom-boBox，AutoCAD 风格的文件对话框类 CAcUiFileDialog 等。

下面我们将例 5.15 中的命令行交互输入参数改为对话框交互，通过这个例子来展示 ObjectARX 中的 MFC 对话框设计，其设计流程分为界面设计和代码设计两部分。

例 5.16　由 MFC 对话框交互实现底板零件的参数化绘图

在例 5.15 开发的 ParaARX 应用程序的基础上添加 Input Parameters 对话框以及相应的类和代码，通过对话框与用户进行数据交互，步骤如下所述。

（1）在 ParaARX 项目的资源视图中插入新的对话框，在"属性"页面将"ID"项改为"IDD_ Input"，将"描述文字"项改为"Input Parameters"；

（2）在空白对话框中依次添加控件进行界面设计，如图 5-26 所示；

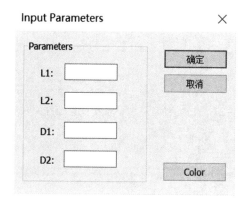

图 5-26　Input Parameters 对话框界面

（3）创建对话框类，类名为 CInputDlg；

（4）关联控件和对话框类的成员变量并添加变量 color，如图 5-27 所示；

（5）在 DocData. cpp 文件的构造函数中添加初始化代码；

```
CDocData:: CDocData () {
    L1 = 500;
    L2 = 400;
    D1 = 300;
    D2 = 50;
    color = 1;
}
```

（6）在 acrxEntryPoint. cpp 文件的命令函数 MyGroupPara 中添加启动对话框和数据交换代码；

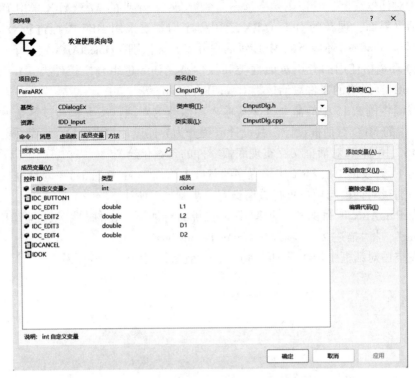

图 5-27　在"类向导"对话框中设置控件关联变量

```cpp
#include "CreateEntity.h"
#include "InputDlg.h"
static void MyGroupPara () {
    // Put your command code here
    EraseAll();

    CInputDlg dlg;
    CDocData * pDoc = &DocVars.docData();

    dlg.L1 = pDoc->L1;
    dlg.L2 = pDoc->L2;
    dlg.D1 = pDoc->D1;
    dlg.D2 = pDoc->D2;
    dlg.color = pDoc->color;

    if(dlg.DoModal() == IDOK)
    {
        pDoc->L1 = dlg.L1;
```

```
        pDoc->L2 = dlg.L2;
        pDoc->D1 = dlg.D1;
        pDoc->D2 = dlg.D2;
        pDoc->color = dlg.color;
    }
    pDoc->Draw();
}
```

（7）为"Color"按钮添加消息处理函数"OnColor"，在函数中调用 AutoCAD 颜色对话框。

```
void CInputDlg:: OnColor()
{
    //TODO：在此添加控件通知处理程序代码
    acedSetColorDialog(color, Adesk:: kTrue, 0);
}
```

完成以上步骤后，在 Visual Studio 中编译项目生成 ParaARX. arx，并在 AutoCAD 中加载。在命令行输入"Para"命令后即可启动对话框，交互输入控制参数，并由此绘制零件图。以上参数化设计过程可以反复进行。MFC 对话框设计的细节可参考 §4.8 节相关内容。

注意：为避免编译错误，在 CInputDlg. cpp 中将 # include " pch. h " 改为 # include " stdafx. h "，并加入#include " resource. h "，删除#include " afxdialogex. h "。在 CInputDlg. h 中加入#include " afxdialogex. h "。

§5.9　遍历块表记录和实体数据操作

在 ObjectARX 的实际应用中除了生成实体(绘图)功能外，还需要对图形中的已有实体进行批量操作，如编辑、查询实体数据和删除实体等。§5.5 和§5.6 节讨论了如何在 AutoCAD 中生成实体，在本节中我们将讨论如何处理 AutoCAD 图形中的已有实体。在 Object-ARX 中，AutoCAD 图形本质上就是图形数据库中实体类对象的集合，可以在图形数据库中使用遍历器遍历块表记录中的已有实体。以下介绍遍历器、遍历块表记录、查询和修改实体的共有属性及实体数据。

1. 遍历器

每个符号表和块表都有对应的遍历器，用以遍历表中的内容，块表遍历器类是 AcDb-BlockTableRecordIterator。

（1）创建块表遍历器

```
AcDbBlockTableRecordIterator * pIter;
pBlockTableRecord->newIterator(pIter);
```

（2）遍历器循环

```
for(;! pIter->done(); pIter->step())
{
    ...
    //获取实体的 AcDbEntity 指针（打开实体）
    pIter->getEntity(pEnt, AcDb:: kForWrite);
    ...
    pEnt->Close(); //关闭实体
}
```

（3）删除遍历器

```
delete pIter;
```

2. 遍历块表记录

下面用 EraseAll( )函数举例说明如何遍历块表记录，该函数的功能是删除当前图形中的所有实体。

```
void EraseAll( )
{
    AcDbBlockTable * pBlockTable;
    acdbHostApplicationServices( )->workingDatabase( )
        ->getSymbolTable(pBlockTable, AcDb:: kForRead);
    AcDbBlockTableRecord * pBlockTableRecord;
    pBlockTable->getAt(ACDB_ MODEL_ SPACE, pBlockTableRecord,
        AcDb:: kForWrite);

    AcDbBlockTableRecordIterator * pIter;
    pBlockTableRecord->newIterator(pIter);
    AcDbEntity * pEnt;
    for(;! pIter->done(); pIter->step())
    {
        pIter->getEntity(pEnt, AcDb:: kForWrite);
        pEnt->erase(); //删除实体
        pEnt->close();
    }

    delete pIter;
    pBlockTableRecord->close();
```

```
    pBlockTable->close();
}
```

关于实体删除的方法和相关知识有：

• 使用 erase 函数删除实体

`AcDbObject:: erase(Adesk:: Boolean erasing=true)`

• 所谓删除实体只是在该实体的块表记录中做了删除标记，并不是直接从数据库中去除该实体对象或释放其内存，被删除实体可以用 erase(kfalse)来恢复

• 不能直接 delete 数据库中的实体对象，因为一旦加入数据库，AutoCAD 将管理所有数据库的驻留对象

• 被删除的实体对象不能存盘，如存入 DWG 或 DXF 文件，因此再次打开图形时将不包括被删除的实体

• 在创建块表记录遍历器时，可以用参数 skipDeleted 指定遍历时是否跳过被删除的实体

```
newIterator(AcDbBlockTableRecordIterator * & pIterator,
        bool atBeginning=true,
        bool skipDeleted=true)
```

• 在遍历器循环中，可以用 step 函数的参数 skipDeleted 指定遍历时是否跳过被删除的实体

```
void step(bool forward=true, bool skipDeleted=true)
```

3. 查询和修改实体对象的共有属性

实体对象的共有属性是指实体的颜色、线型、图层等不依赖于实体类型的数据，AcDbEntity 类提供了对共有属性的查询和修改函数，这些函数在所有子类中均可使用。

• 查询实体颜色，`Adesk:: UInt16 colorIndex()`
• 修改实体颜色，`setColorIndex(Adesk:: UInt16 color)`
• 查询实体线形，`char * linetype()`
• 修改实体线形，`setLinetype(char * newVal)`
• 查询实体所在的图层，`char * layer()`
• 修改实体的图层，`setLayer(char * newVal)`

以下三个例子展示了如何查询和修改当前图形中实体的共有属性。

为节省篇幅，例 5.17—5.22 中的代码省略了获得和关闭当前块表指针、块表记录指针以及创建和删除块表遍历器的步骤。

例 5.17　删除所有红色实体

```
AcDbBlockTable * pBlockTable;
acdbHostApplicationServices()->workingDatabase()
        ->getSymbolTable(pBlockTable, AcDb:: kForRead);
AcDbBlockTableRecord * pBlockTableRecord;
```

```
pBlockTable->getAt(ACDB_ MODEL_ SPACE,
pBlockTableRecord, AcDb:: kForWrite);
        AcDbBlockTableRecordIterator * pIter;
pBlockTableRecord->newIterator(pIter);

AcDbEntity * pEnt;
for(;! pIter->done(); pIter->step())
{
    pIter->getEntity(pEnt, AcDb:: kForWrite);
    if(pEnt->colorIndex()= =1) pEnt->erase();
    pEnt->close();
}
delete pIter;
pBlockTableRecord->close();
pBlockTable->close();
```

例 5.18　删除所有"0"层上的实体

```
AcDbEntity * pEnt;
ACHAR * layerName;
for(;! pIter->done(); pIter->step())
{
    pIter->getEntity(pEnt, AcDb:: kForWrite);
    layerName =pEnt->layer(); //同时分配字符串内存
    if(wcscmp(layerName, _ T("0"))= =0) pEnt->erase();
    pEnt->close();
    acutDelString(layerName); //释放内存
}
```

例 5.19　将所有实体的颜色设置为红色

```
AcDbEntity * pEnt;
for(;! pIter->done(); pIter->step())
{
    pIter->getEntity(pEnt, AcDb:: kForWrite);
    pEnt->setColorIndex(1);
    pEnt->close();
}
```

4. 查询和修改实体数据

实体数据是指与实体类型有关的数据，因此需要先判断实体的类型。相关函数如下所述(以线段、圆、圆弧为例)。

(1) 判断实体类型

• 线段

```
if(pEnt->isA()= =AcDbLine∷ desc())
或 if(pEnt->isKindOf(AcDbLine∷ desc()))
```

• 圆

```
if(pEnt->isA()= =AcDbCircle∷ desc())
或  if(pEnt->isKindOf(AcDbCircle∷ desc()))
```

• 圆弧

```
if(pEnt->isA()= =AcDbArc∷ desc())
或 if(pEnt->isKindOf(AcDbArc∷ desc()))
```

(2) 获取指向实体类的指针

• 线段 `AcDbLine * pLine=AcDbLine∷ cast(pEnt)`
• 圆 `AcDbCircle * pCircle=AcDbCircle∷ cast(pEnt)`
• 圆弧 `AcDbArc * pArc=AcDbArc∷ cast(pEnt)`

(3) 查询实体数据

• 线段

获得起点 `AcGePoint3d startPt =pLine->startPoint();`
获得终点 `AcGePoint3d endPt =pLine->endPoint();`

• 圆

获得圆心 `AcGePoint3d centerPt =pCircle->center();`
获得半径 `double r =pCircle->radius();`

• 圆弧

获得圆心 `AcGePoint3d centerPt =pArc->center();`
获得半径 `double r =pArc->radius();`
获得起始角度 `double startAng =pArc->startAngle();`
获得终止角度 `double endAng =pArc->endAngle();`

(4) 修改实体数据

• 线段

设置起点 `setStartPoint(AcGePoint3d& startPt);`
设置终点 `setEndPoint(AcGePoint3d& endPt);`

• 圆

设置圆心 `setCenter(AcGePoint3d& center);`

设置半径 setRadius(double radius);

- 圆弧

设置圆心 setCenter(AcGePoint3d& center);
设置半径 setRadius(double radius);
设置起始角度 setStartAngle(double startAngle);
设置终止角度 setEndAngle(double endAngle);

以下三个例子展示了如何判断当前图形中实体的类型，如何查询和修改实体数据。

例 5. 20　删除所有的圆

```
AcDbEntity * pEnt;
for(;! pIter->done(); pIter->step())
{
    pIter->getEntity(pEnt, AcDb:: kForWrite);
    if (pEnt->isA()= =AcDbCircle:: desc()) pEnt->erase();
    pEnt->close();
}
```

例 5. 21　删除所有半径大于 100 的圆

```
AcDbEntity * pEnt;
double r;
for(;! pIter->done(); pIter->step())
{
    pIter->getEntity(pEnt, AcDb:: kForWrite);
    if (pEnt->isA()= =AcDbCircle:: desc())
    {
        pCircle=AcDbCircle:: cast(pEnt);
        r =pCircle->radius();
        if(r>100) pEnt->erase();
    }
    pEnt->close();
}
```

例 5. 22　将所有圆的半径设置为 100

```
AcDbEntity * pEnt;
for(;! pIter->done(); pIter->step())
{
    pIter->getEntity(pEnt, AcDb:: kForWrite);
    if (pEnt->isA()= =AcDbCircle:: desc())
```

```
    }
    pCircle=AcDbCircle:: cast(pEnt);
    pCircle->setRadius(100);
  }
  pEnt->close();
}
```

§5.10　交互式实体数据操作

§5.9 节讨论了对当前图形数据库中的已有实体进行批量操作，实际应用中往往还需要对用户指定的实体进行操作，这种操作需要先由用户交互式地选取实体对象，再对这些实体对象进行处理，如编辑和查询实体数据等。

1. 交互式实体数据处理的步骤

（1）用交互函数单选或多选实体并获得实体名；
（2）获得实体对象的 ID；
（3）打开实体对象，获取 entity 指针；
（4）类型判断和获取实体对象指针；
（5）获取或修改实体数据；
（6）关闭实体对象。

2. 选取实体及获得实体名

单个实体的选取采用 acedEntSel 函数实现，函数执行时鼠标的光标变为正方形，此时只能选择单个实体。

```
acedEntSel(const char * str,    //提示字符串
           ads_ name entres,    //实体名
           ads_ point ptres); //选取点
```

多个实体的选取可用 acedSSGet 函数实现：

```
acedSSGet(const char * str,
          const void * pt1,
          const void * pt2,
          const struct resbuf * filter,
          ads_ name ss);
```

acedSSGet 函数功能强大、参数复杂，早期在 ADS 中可用作实体过滤器，这里仅使用其最简单的参数形式 acedSSGet (NULL、NULL、NULL、NULL、ss)，前四个参数均为 NULL，第五个参数 ss 为用户选定实体的集合 (选择集 Selection Set)，此时该函数的功能等

同于 AutoCAD 的 Select 命令，可以多种方式选取图形中的多个实体。

通过 acedSSGet 函数获得实体选择集后还需要获取选择集中的每个实体的实体名。用函数 acedSSLength(ssname, &nss)得到选择集长度 nss(选择集中的实体数量)，ssname 为选择集。再对选择集进行循环遍历，用 acedSSName(ssname, i, ent)函数获得选择集中第 i 个实体的实体名 ent，参数 i 是实体序号，从 0 开始。如：

```
acedSSLength(ssname, &nss);
for(int i = 0; i<nss; i++)
{
    acedSSName(ssname, i, ent);    //获取实体名
    acdbGetObjectId(eid, ent); //获取实体 id
    …
}
```

注：实体数量可能大于 int 上限时，nss 应定义为 Adesk∷Int32(相当于 long)。

3. 获得对象 ID

acdbGetObjectId(AcDbObjectId& objId, ads_ name objName);
输入参数 objName 是实体名，输出参数 objId 是实体对象的 ID。

4. 打开对象及获取 entity 指针

```
acdbOpenObject(
    pEnt, //实体对象指针
    objId, //实体对象 ID
    AcDb∷kForRead //打开方式
);
```

获得实体对象指针后即可使用§5.9 节中的实体编辑和查询函数或其他 AcDbEntity 函数操作实体对象。以下两个例子展示了如何交互选择实体并对所选实体的实体数据进行操作。

例 5.23 逐个输出用户选定的圆的半径

由用户在当前图形中选取单个圆实体，并在命令行输出圆的半径，如果用户选取的实体不是圆，则在命令行给出提示信息。以上操作循环进行，直到用户按下 ESC 键退出循环。

```
ads_ name ent;
ads_ point pt;
AcDbObjectId eid;
AcDbEntity * pEnt;
AcDbCircle * pCircle;
double r;
while(acedEntSel(_ T("\nSelect a circle:"), ent, pt) = =RTNORM)
```

```
    {
        acdbGetObjectId(eid, ent);

        acdbOpenObject(pEnt, eid, AcDb:: kForRead);
        if(pEnt->isA()= =AcDbCircle:: desc())
        {
            pCircle=AcDbCircle:: cast(pEnt);
            r=pCircle->radius();
            acutPrintf(_ T(" radius=% g"), r);
        }
        else acutPrintf(_ T(" not a circle."));
        pEnt->close();
    }
```

例 5.24　实体分色程序

由用户在当前图形中选取多个实体，用不同的颜色区分这些实体的类型，本例仅处理圆、线段、椭圆和圆弧四种实体。

```
AcDbEntity * pEnt;
ads_ name ent, ssname;
AcDbObjectId eid;
int nss;
acedSSGet(NULL, NULL, NULL, NULL, ssname);
acedSSLength(ssname, &nss);
for(int i=0; i<nss; i++)
{
    acedSSName(ssname, i, ent);
    acdbGetObjectId(eid, ent);
    acdbOpenObject(pEnt, eid, AcDb:: kForWrite);
    if(pEnt->isA()= =AcDbCircle:: desc())
        pEnt->setColorIndex(1);
    else if(pEnt->isA()= =AcDbLine:: desc())
        pEnt->setColorIndex(2);
    else if(pEnt->isA()= =AcDbEllipse:: desc())
        pEnt->setColorIndex(3);
    else if(pEnt->isA()= =AcDbArc:: desc())
        pEnt->setColorIndex(4);
    pEnt->close();
}
```

§5.11　实体扩展数据

许多实际应用需要在实体对象上附加几何参数以外的其他数据信息，如材料数据、边界的约束信息和载荷数据等。在 ObjectARX 应用程序中可以用四种方法来添加实体对象的附加信息：扩展数据(xData)、扩展记录(AcDbXrecord)、扩展词典和自定义对象。扩展数据适合附加少量数据，其数据量不能超过 16KB，且数据类型只能在既有的 DXF 组码类型范围内。实体对象的扩展数据可以在保存文件时存入 DWG 文件，再次打开图形文件时实体对象的扩展数据仍然存在，但 AutoCAD 本身不使用扩展数据。本节仅讨论实体扩展数据。

扩展数据的操作涉及两个 AcDbObject 类的成员函数：xData 和 setXData。使用 xData( ) 函数可以获得实体对象扩展数据的结果缓冲器：

```
virtual resbuf *
AcDbObject:: xData(const char * regappName =NULL) const;
```

使用 setXData( )函数可为实体对象设置扩展数据：

```
virtual Acad:: ErrorStatus
AcDbObject:: setXData(const resbuf * xdata);
```

由于 AcDbEntity 类是 AcDbObject 类的子类，AcDbEntity 类及其子类的对象可以继承使用这两个函数。

为便于区分不同应用程序在同一个实体对象上附加的扩展数据，需要将实体数据关联一个唯一的应用程序名称，该名称不超过 31 个字符。用全局函数 acdbRegApp 注册应用程序，用 acutBulitList 函数创建结果缓冲器，用设置空结果缓冲器的方式来删除实体的扩展数据。程序运行结束时应释放结果缓冲器并关闭实体对象。使用 ArxDbg 工具（在 ObjectARX 目录中的 samples/database 子目录中）可查看实体的扩展数据。

例 5.25　为实体对象添加、查询和删除扩展数据

以下代码在 §5.3 节创建的 HelloARX 应用程序框架中注册了三个 ARX 命令：

- SetXData 命令用于为用户单选的实体添加扩展数据(材料信息)，包括实体对象的材料名称、材料密度和表面摩擦系数
- ShowXData 命令用于读取并在命令行显示用户单选实体的扩展数据
- DeleteXData 命令用于删除用户单选实体的扩展数据

```
static void MyGroupSetXData () {
    ads_ name ent;
    ads_ point pt;
    AcDbObjectId eid;
    AcDbEntity * pEnt;
    ACHAR name[10]; //材料名称
```

```
double density;  //材料密度
double u;  //表面摩擦系数

acedEntSel(_ T(" \n \n 选择一个实体:"), ent, pt);
acdbGetObjectId(eid, ent);
acdbOpenObject(pEnt, eid, AcDb:: kForWrite);

acedGetString(0, _ T(" \n 材料名称:"), name);
acedGetReal(_ T(" \n 材料密度(克/立方厘米):"), &density);
acedGetReal(_ T(" \n 表面摩擦系数:"), &u);

acdbRegApp(_ T("HelloARX"));  //注册应用程序名称

struct resbuf * pRb=acutBuildList(
    AcDb:: kDxfRegAppName, _ T("HelloARX"),
    AcDb:: kDxfXdAsciiString, name,
    AcDb:: kDxfXdReal, density,
    AcDb:: kDxfXdReal, u,
    RTNONE);

pEnt->setXData(pRb);  //设置实体对象的扩展数据
pEnt->close();
acutRelRb(pRb);
}

static void MyGroupShowXData() {
    ads_ name ent;
    ads_ point pt;
    AcDbObjectId eid;
    AcDbEntity * pEnt;
    struct resbuf * pRb, * pTemp;

    acedEntSel(_ T(" \n 选择一个实体:"), ent, pt);
    acdbGetObjectId(eid, ent);
    acdbOpenObject(pEnt, eid, AcDb:: kForRead);
```

```
    pRb=pEnt->xData(_ T("HelloARX")); //获取实体对象的扩展数据
    if (pRb！=NULL)
    {
        pTemp=pRb; //用临时结果缓冲器指针 pTemp 进行遍历, pRb 不改变用于
        释放
        pTemp=pTemp->rbnext; //跳过应用程序名称
        acutPrintf(_ T("\n材料名称:%s"), pTemp->resval.rstring);
        pTemp=pTemp->rbnext; //遍历结果缓冲器链表
        acutPrintf(_ T("\n材料密度(克/立方厘米):%g"),
        pTemp->resval.rreal);
        pTemp=pTemp->rbnext;
        acutPrintf(_ T("\n表面摩擦系数:%g"), pTemp->resval.rreal);

        acutRelRb(pRb);
    }
    else acutPrintf(_ T("\n该实体没有扩展数据"));

    pEnt->close();
}

static void MyGroupDeleteXData() {
    ads_ name ent;
    ads_ point pt;
    AcDbObjectId eid;
    AcDbEntity * pEnt;

    acedEntSel(_ T("\n选择一个实体:"), ent, pt);
    acdbGetObjectId(eid, ent);
    acdbOpenObject(pEnt, eid, AcDb:: kForWrite);

    acdbRegApp(_ T("HelloARX")); //注册应用程序名称
    //建立仅有应用程序名称的空结果缓冲器
    struct resbuf * pRb=
        acutBuildList(AcDb:: kDxfRegAppName, _ T ( " HelloARX " ), RT-
        NONE);
    pEnt->setXData(pRb); //为实体设置空结果缓冲器来删除扩展数据
```

```
    acutRelRb(pRb);
    pEnt->close();
}


IMPLEMENT_ ARX_ ENTRYPOINT(CHelloARXApp)
ACED_ ARXCOMMAND_ ENTRY_ AUTO(CHelloARXApp, MyGroup, SetXData,
SetXData, ACRX_ CMD_ MODAL, NULL)
ACED_ ARXCOMMAND_ ENTRY_ AUTO(CHelloARXApp, MyGroup, ShowXData,
ShowXData, ACRX_ CMD_ MODAL, NULL)
ACED _ ARXCOMMAND _ ENTRY _ AUTO ( CHelloARXApp, MyGroup,
DeleteXData, DeleteXData, ACRX_ CMD_ MODAL, NULL)
```

该 ObjectARX 应用程序在 AutoCAD 命令行中的交互如下。
- 命令：SETXDATA
选择一个实体(在当前图形中选择一个实体)；
材料名称：碳素钢；
材料密度(克/立方厘米)：7.85；
表面摩擦系数：0.15。
- 命令：SHOWXDATA
选择一个实体(在当前图形中选择该实体)；
材料名称：碳素钢；
材料密度(克/立方厘米)：7.85；
表面摩擦系数：0.15。
- 命令：DELETEXDATA
选择一个实体(在当前图形中选择该实体)。
- 命令：SHOWXDATA
选择一个实体(在当前图形中选择该实体)，该实体没有扩展数据。

§5.12　复杂实体的处理

复杂实体是指由若干个简单实体组成的实体，可被分解为多个简单实体(子实体)，如多段线、多行文字、图块等。简单实体是指自身不能被分解的实体，如圆、线段、圆弧等。本节讨论最常见的复杂实体：多段线的信息获取。遍历多段线顶点可以获取多段线所有顶点的坐标，但不能获得子实体信息。获得子实体信息较简便的方法是使用 explode 函数将多段线分解为线段和圆弧，再通过查询线段和圆弧的数据获得子实体信息。此外，本节还展示了获取用户指定子实体信息的方法。

1. 遍历多段线的顶点

遍历多段线顶点可以获取多段线所有顶点的坐标，但不能获得子实体信息。多段线类 AcDbPolyline 的成员函数 numVerts 返回多段线的顶点数量，成员函数 getPointAt 可以获得指定序号的顶点。

```
getPointAt(
    unsigned int index,  //0 开始的顶点序号
    AcGePoint3d& pt //顶点
);
```

例 5.26　遍历多段线顶点，并在命令行输出顶点坐标

```
AcDbEntity *pEnt;
AcDbPolyline *pPline;
AcGePoint3d pt;
AcDbObjectId eid;
ads_ point pick;
ads_ name ent;
int nvertex, i;

acedEntSel(_ T(" \nSelect a POLYLINE:"), ent, pick);
acdbGetObjectId(eid, ent);
acdbOpenObject(pEnt, eid, AcDb:: kForRead);

if(pEnt->isA()= =AcDbPolyline:: desc())
{
    pPline=AcDbPolyline:: cast(pEnt);
    nvertex=pPline->numVerts();  //获得顶点个数
    for(i=0; i<nvertex; i++)
    {
        pPline->getPointAt(i, pt);  //获得第 i 个顶点
        acutPrintf(_ T(" \nVertex %d: X=%g Y=%g
                Z=%g"), i+1, pt.x, pt.y, pt.z);
    }
}
else acutPrintf(_ T(" \n not a POLYLINE."));
pEnt->close();
```

2. 分解复杂实体

复杂实体可以被分解成一系列子实体，如：

- 长方体→面域→直线
- 多段线→直线、圆弧
- 多行文字→单行文字
- 块→组成块的实体
- 简单实体被分解成自身

AcDbEntity 类的 explode 函数可用于分解复杂实体，与 AutoCAD 的 explode 命令类似。函数定义为 explode(AcDbVoidPtrArray& entitySet)，参数 entitySet 是分解后的子实体指针数组。explode 函数读出子实体的对象，但并不删除原实体，也不将子实体加入数据库。entitySet 数组可以不为空，分解后的子实体被添加到数组中。得到子实体后可使用 §5.9 节中的相关查询函数获得子实体数据。调用 explode 函数的程序负责子实体对象的管理，或者将其添加进数据库，或者删除。

例5.27　获取并输出多段线中所有子实体的实体数据

```
AcDbEntity * pEnt;
AcDbLine * pLine;
AcDbArc * pArc;
AcGePoint3d pt, center;
double r, startAng, endAng;
AcDbObjectId eid;
ads_ point pick;
ads_ name ent;
AcDbVoidPtrArray subents;
double PI =3.14159265359;

acedEntSel(_ T(" \nSelect a POLYLINE:"), ent, pick);
acdbGetObjectId(eid, ent);
acdbOpenObject(pEnt, eid, AcDb:: kForRead);

if(pEnt->isA( )= =AcDbPolyline:: desc( ))
{
    pEnt->explode(subents);
}
else acutPrintf(_ T(" \n not a POLYLINE."));
pEnt->close( );

for(int j =0; j<subents.length( ); j++)
```

```
{
    pEnt=(AcDbEntity*)subents[j];
    if(pEnt->isA()==AcDbLine::desc())
    {
        acutPrintf(_T("\nsubEntity LINE:"));
        pLine=AcDbLine::cast(pEnt);
        pt=pLine->startPoint();
        acutPrintf(_T("\nstart at:%g,%g,%g"), pt.x, pt.y, pt.z);
        pt=pLine->endPoint();
        acutPrintf(_T("\nend at:%g,%g,%g"), pt.x, pt.y, pt.z);
    }
    else if(pEnt->isA()==AcDbArc::desc())
    {
        acutPrintf(_T("\nsubEntity ARC:"));
        pArc=AcDbArc::cast(pEnt);
        center=pArc->center();
        r=pArc->radius();
        startAng=pArc->startAngle();
        endAng=pArc->endAngle();
        acutPrintf(_T("\ncenter:%g,%g,%g"),
            center.x, center.y, center.z);
        acutPrintf(_T("\nradius:%g"), r);
        acutPrintf(_T("\nstart angle:%g"), startAng*180/PI);
        acutPrintf(_T("\nend angle:%g"), endAng*180/PI);
    }
    delete pEnt;
}
```

3. 子实体标记及获取指定子实体数据

在用户交互中点选多段线时，有时不但需要获得用户点选的多段线的实体数据，还需要获取更具体的点选的子实体段(线段或圆弧)的信息，获取的主要步骤是：

（1）用 acedSSNameX 函数获得多段线的结果缓冲器链表

```
int acedSSNameX(struct resbuf** rbpp, //第i个实体的结果缓冲器链表
            const ads_name ss, //选择集
            const long i); //0开始的序号
```

（2）从多段线的结果缓冲器链表中获取点选的子实体的标记

（3）用 getSubentPathsAtGsMarker 函数由子实体标记获得子实体 ID 数组

```
getSubentPathsAtGsMarker(
AcDb:: SubentType type,
int gsMark, //子实体标记
const AcGePoint3d& pickPoint,
const AcGeMatrix3d& viewXform,
int& numPaths,
AcDbFullSubentPath *& subentPaths, //子实体标记 gsMark 的子实体 ID
数组
int numInserts = 0,
AcDbObjectId * entAndInsertStack = NULL) const;
```

（4）用 subentPtr 函数获得子实体数组中唯一子实体的拷贝（AcDbEntity 指针）

```
AcDbEntity * subentPtr(
    const AcDbFullSubentPath& id //子实体 ID
) const;
```

调用程序需负责子实体拷贝的管理，或者将其添加进数据库，或者删除；

（5）由子实体拷贝的 AcDbEntity 指针获得子实体数据

例 5.28　获取并输出多段线中指定子实体的数据

```
//变量声明
ads_ name sset, ename;
struct resbuf * pRb, * pTemp;
int i, marker;
AcDbObjectId objId;
AcDbEntity * pEnt, * pEntCpy;
AcGePoint3d pickpnt;
AcGeMatrix3d xform;
int numIds;
AcDbFullSubentPath * subentIds;
AcDbLine * pLine;
AcDbArc * pArc;
AcGePoint3d pt, center;
double r, startAng, endAng;
double PI = 3.1415927;

//单选多段线( "_ : S"参数)形成选择集 sset
acutPrintf(_ T(" \r \nSelect a sub-entity:"));
if(acedSSGet(_ T("_ : S"), NULL, NULL, NULL, sset) != RTNORM)
{
```

```
        acutPrintf(_ T(" \ r \ nSelection failed."));
        return;
}
```

// 获得选择集中第一个实体的结果缓冲器链表 pRb
```
if(acedSSNameX(&pRb, sset, 0)！=RTNORM)
{
        acedSSFree(sset);
        return;
}
acedSSFree(sset); // 释放选择集
```

// 指针后移至第 3 位，获得实体名 ename
```
for(i=1, pTemp=pRb; i<3; i++, pTemp=pTemp->rbnext){;}
ads_ name_ set(pTemp->resval.rlname, ename);
```

// 指针后移至第 4 位，获得子实体标记 maker
```
pTemp=pTemp->rbnext;
marker=pTemp->resval.rint;
acutRelRb(pRb); // 释放结果缓冲器链表
```

// 获得多段线的 AcDbEntity 指针 pEnt
```
acdbGetObjectId(objId, ename);
acdbOpenAcDbEntity(pEnt, objId, AcDb:: kForRead);
```

// 获得 AcDbFullSubentIdPath 数组
```
pEnt->getSubentPathsAtGsMarker(AcDb:: kEdgeSubentType, marker,
        pickpnt, xform, numIds, subentIds);
```

// 获得子实体的拷贝 pEntCpy
```
pEntCpy=pEnt->subentPtr(subentIds[0]);
delete[] subentIds;
pEnt->close();
```

// 处理 LINE 实体信息
```
if(pEntCpy->isA()= =AcDbLine:: desc())
{
        acutPrintf(_ T(" \ nsubEntity LINE:"));
```

```
   pLine=AcDbLine:: cast(pEntCpy);
   pt=pLine->startPoint();
   acutPrintf(_T(" \nstart at:%g,%g,%g"), pt.x, pt.y, pt.z);
   pt=pLine->endPoint();
   acutPrintf(_T(" \nend at:%g,%g,%g"), pt.x, pt.y, pt.z);
}
```

```
//处理 ARC 实体信息
else if(pEntCpy->isA()= =AcDbArc:: desc())
{
   acutPrintf(_T(" \nsubEntity ARC:"));
   pArc=AcDbArc:: cast(pEntCpy);
   center=pArc->center();
   r=pArc->radius();
   startAng=pArc->startAngle();
   endAng=pArc->endAngle();
   acutPrintf(_T(" \ncenter:%g,%g,%g"), center.x, center.y,
   center.z);
   acutPrintf(_T(" \nradius:%g"), r);
   acutPrintf(_T(" \nstart angle:%g"), startAng*180/PI);
   acutPrintf(_T(" \nend angle:%g"), endAng*180/PI);
}
delete pEntCpy;
```

§5.13　Mac 系统的 ObjectARX 开发

　　本章主要介绍 Windows 系统下的 ObjectARX 应用程序开发。考虑到 Mac 系统用户进行 Object ARX 二次开发的需求，本节将简要介绍在 Apple 公司的 Mac 系统中开发 ObjectARX 的入门知识，更深入的开发技术可参考其他技术资料。

1. 简介

　　● 2010 年 Autodesk 公司推出 AutoCAD 2011 for Mac 版本，可以在 Apple 公司的操作系统 Mac OS 中运行

　　● 相应的 ObjectARX 开发使用 Xcode 编译器和 Cocoa 开发框架（使用 Objective-C 语言）

　　● Windows 系统下的 ObjectARX 代码大部分可移植到 Mac 系统中，但涉及 MFC 类库的代码除外

　　● Mac 系统中 ObjectARX 的用户界面开发使用 Cocoa 和 Objective-C，与 Windows 系统

不兼容，见图 5-28
- Mac 系统中 Object ARX 应用程序的主程序为 arxmain. cpp
- 编译后的应用程序名后缀为 . bundle，需在 AutoCAD for Mac 中加载后使用

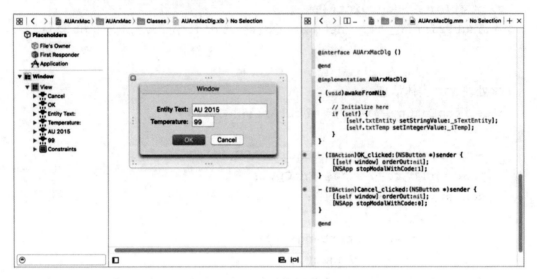

图 5-28　在 Xcode 中使用 Objective-C 开发对话框

2. Mac 系统的 ObjectARX 2022 开发环境

- Mac OS 10. 15 以上版本
- AutoCAD 2022 for Mac
- Xcode 11. 3. 1 以上版本(编译器)
- ObjectARX 2022 for Mac(需安装)

其他版本的 ObjectARX for Mac 开发环境见 §5. 2 节中的表 5-2。表 5-4 对比了 Windows 和 Mac 系统的 ObjectARX 开发环境，从表中可以看出 Mac 系统下的 ObjectARX 开发使用的库和接口远少于 Windows 系统。表 5-5 比较了 Windows 和 Mac 系统下的编译器 Visual Studio 和 Xcode 特性，两者区别较大，互不兼容。

表 5-4　Windows 和 Mac 系统的 ObjectARX 开发环境比较

API/库	Windows	Mac OSX
ObjectARX C++	支持	支持
Objective-C / Cocoa	不支持	支持
Win32	支持	部分支持
MFC	支持	有限支持
ActiveX / COM	支持	不支持
.NET	支持	不支持
LISP	支持	支持
DCL	支持	不支持
Qt	支持	支持
Javascript	支持	尚未支持

表 5-5　Visual Studio 和 Xcode 的特性比较

特性	Visual Studio	Xcode
集成环境	解决方案 (.sln)	工作空间 (.xcworkspace)
项目	VC++ 项目 (.vcxproj)	Xcode 项目 (.xcodeproj)
配置	解决方案配置	方案
输出文件	.arx / .dbx / .crx	.bundle / .dbx
项目配置文件	.props	.xcconfig
平台支持	Win32 / x64	x86_64
资源/对话框	.rc / MFC	.xib / Cocoa
C++源文件	.CPP	.CPP / .MM
资源编辑器	资源视图	界面构建器
应用程序设计模式	任意模式	默认采用MVC模式

3. 创建 ObjectARX for Mac 应用程序框架的步骤

（1）启动 Xcode，在欢迎页面选择"Create a new Xcode project"，如图 5-29 所示；

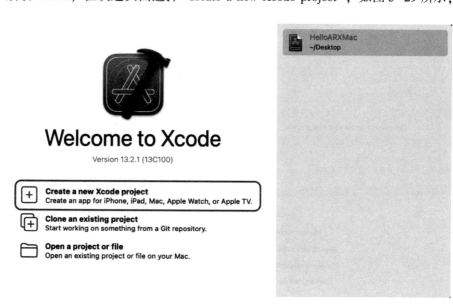

图 5-29　Xcode 欢迎页面

（2）在选择项目模板页面选择 Autodesk 中的"ArxWithCocoa"，如图 5-30 所示；

（3）在项目选项页面输入项目名称等信息。在"Product Name"栏输入"HelloARXMac"，依次输入其他信息，见图 5-31.

完成以上步骤后 Xcode 将创建一个新的 ObjectARX for Mac 应用程序"HelloARXMac"的框架。后续可以在框架中添加代码进行 ObjectARX 二次开发。

例 5.29　第一个 ObjectARX for Mac 应用程序 HelloARXMac

HelloARXMac 应用程序注册了"Hello"命令，该命令执行时将在 AutoCAD 2022 for Mac 的命令行输出字符串"Hello ObjectARX2022 for Mac"。主程序 arxmain.cpp 中添加的代码如下：

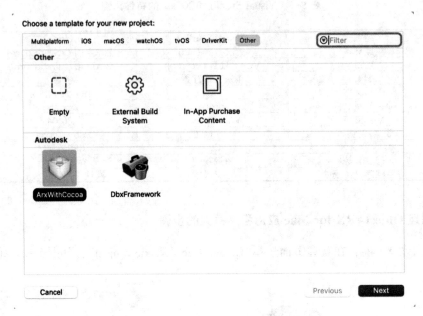

图 5-30　Xcode 的项目模板选择页面

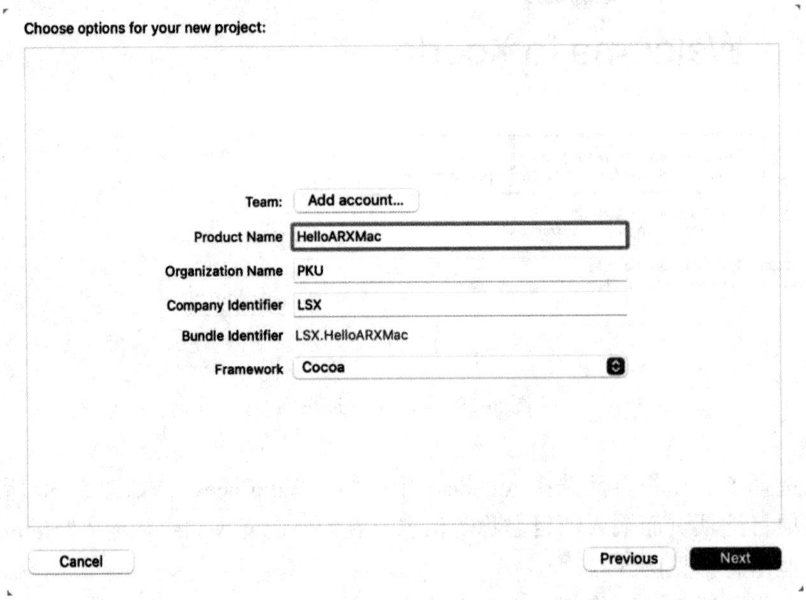

图 5-31　在项目选项页面输入项目信息

```
#include <aced.h>
#include <rxregsvc.h>

void Hello() //命令函数
```

```
    {
        acutPrintf(L"Hello ObjectARX2022 for Mac");
    }

    void initApp()
    {
        acedRegCmds->addCommand(L"LSXARX_ COMMANDS", L"Hello", L"你
        好", ACRX_ CMD_ MODAL, Hello); //注册 Hello 命令
    }

    void unloadApp()
    {
        acedRegCmds->removeGroup(L"LSXARX_ COMMANDS");
    }

    extern "C"
    AcRx:: AppRetCode acrxEntryPoint ( AcRx:: AppMsgCode msg, void *
    appId)
    {
        switch (msg) {
            case AcRx:: kInitAppMsg:
                    acrxDynamicLinker->unlockApplication(appId);
                acrxDynamicLinker->registerAppMDIAware(appId);
                    initApp();
                    break;
            case AcRx:: kUnloadAppMsg:
                    unloadApp();
                    break;
            default: break;
        }
        return AcRx:: kRetOK;
    }
```

例 5.30　做正弦函数运动的圆

本例在 Mac 系统中实现了例 5.6 的功能，在 arxmain. cpp 中添加代码如下：

```
#include <aced.h>
#include <rxregsvc.h>
#include <dbents.h>
```

```
#include <dbapserv.h>

AcDbObjectId AddToDatabase(AcDbEntity * pEnt) //将实体添加到图形数
据库
{
    AcDbObjectId entId;
    AcDbBlockTable * pBlockTable;
    acdbHostApplicationServices()->workingDatabase()->getBlock-
    Table(pBlockTable, AcDb:: kForRead);
    AcDbBlockTableRecord * pBlockTableRecord;
    pBlockTable->getAt(ACDB_ MODEL_ SPACE, pBlockTableRecord, Ac-
    Db:: kForWrite);
    pBlockTable->close();
    pBlockTableRecord->appendAcDbEntity(entId, pEnt);
    pBlockTableRecord->close();
    return entId;
}

void Hello()
{
    AcGePoint3d center(0, 0, 0);
    double radius =100.0;
    AcGeVector3d v(0, 0, 1); //指定法向量
    AcDbCircle * pCircle =new AcDbCircle(center, v, radius);
    AddToDatabase(pCircle);         //圆做正弦函数运动
    int n =1000; //运动帧数
    double PI =3.1415927;
    for (int i =0; i <=n; i++)
    {
        Sleep(10); //延迟 0.01 秒
        center.x =200.0 * i * 2.0 * PI /n;
        center.y =200.0 * sin(i * 2.0 * PI /n);
        pCircle->setCenter(center); //重设圆心
        pCircle->draw(); //重画实体
        acedUpdateDisplay(); //刷新图形
    }
    pCircle->close();
}
```

```
void initApp()
{
    acedRegCmds->addCommand(L"LSXARX_ COMMANDS",
        L"Hello", L"你好", ACRX_ CMD_ MODAL, Hello);
}

void unloadApp()
{
    acedRegCmds->removeGroup(L"LSXARX_ COMMANDS");
}

extern "C"
AcRx:: AppRetCode acrxEntryPoint (AcRx:: AppMsgCode msg, void *
appId)
{
    switch (msg) {
      case AcRx:: kInitAppMsg:
            acrxDynamicLinker->unlockApplication(appId);
    acrxDynamicLinker->registerAppMDIAware(appId);
            initApp();
            break;
      case AcRx:: kUnloadAppMsg:
            unloadApp();
            break;
      default: break;
    }
    return AcRx:: kRetOK;
}
```

习　题　五

1. 在 Visual Studio 中使用 ObjectARX Wizards 创建 §5.2 节中的项目 HelloARX，注册并编写命令 Hello（本地命令为"你好"），编译成 HelloARX. arx，并在 AutoCAD 中加载、运行、卸载。

2. 编写 ObjectARX 程序，使之能在 AutoCAD 中模拟时钟从 10 点整开始的 1 分钟走动，并同时在表盘显示时间数字，如图所示。具体尺寸是：表盘半径为 100，刻度长 20，时针长 40，分针长 60，秒针长 70。可以使用 CreatEntity 库函数。

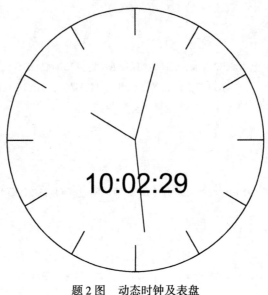

题 2 图　动态时钟及表盘

3. 编写 ObjectARX 程序，使其能生成图示的三维实体，并在命令行输出其表面积和体积，命令为 MakeSolid。

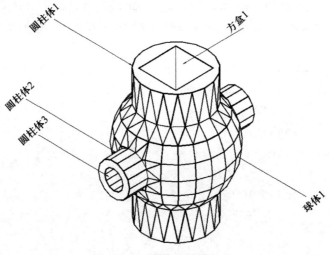

题 3 图　三维实体及其组成

各组成实体的数据见表。

题 3 表

	直径	高度	端面
圆柱体 1	100	200	
圆柱体 2	50	200	
圆柱体 3	30	200	
球体 1	150		
方盒 1		200	60×60 正方形

4. 编写 ObjectARX 程序，添加命令 EllipseTest，实现 AutoCAD 命令行交互方式生成椭圆的功能。生成方式有命令方式和 ARX 方式两种供用户选择。用户交互输入的参数有：椭圆中心点、长轴长度、短轴长度和生成方式(命令方式[com]/ARX 方式[arx])。

提示：椭圆在 ObjectARX 中的实体类是 AcDbEllipse(头文件 dbelipse.h)，详细信息请参阅 ObjectARX Reference。

5. 编写 ObjectARX 程序，在边长为 100 的立方体区域内生成 1000 个三柱体的随机分布，三柱体质心需在立方体区域内，如图(a)所示，命令为 Random。三柱体由三个对称轴相互垂直的圆柱合并而成，其尺寸如图(b)所示。每个三柱体的位置和方向均为随机(方向为绕随机方向轴转随机角度)。

提示："(double)rand()/(double)RAND_ MAX"可产生[0，1]之间的随机数。

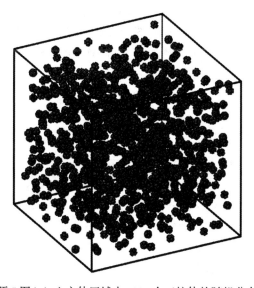

题 5 图(a) 立方体区域内 1000 个三柱体的随机分布

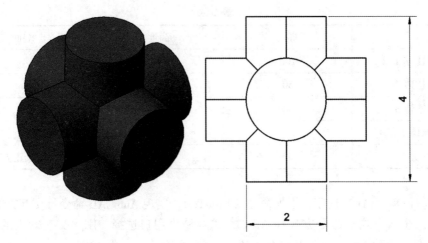

题 5 图(b) 三柱体(左)及其尺寸(右)

6. 编写 ObjectARX 程序,包含以下三个功能(命令)。

- 命令 Ellipse1,能够自动对当前图中的椭圆进行如下操作:面积小于等于 π 的椭圆,将其颜色变为红色;面积大于 π 的椭圆,将其颜色变为蓝色
- 命令 Ellipse2,能够让用户以逐个选取方式对椭圆进行上述操作
- 命令 Ellipse3,能够让用户以多选方式对椭圆进行上述操作

7. 编写圆弧编辑器的 ObjectARX 程序,添加命令 ArcEditor,执行该命令后提示"Select an ARC:"。若用户选取一圆弧,则启动如图所示对话框并显示该圆弧的初始参数。用户可在对话框中编辑圆弧实体参数,其中颜色用 AutoCAD 标准颜色对话框编辑,按确定按钮退出时应能根据用户输入的参数重新绘图,如用户选取其他类型的实体则提示"not an ARC"。

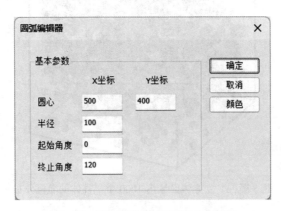

题 7 图   圆弧编辑器参数设置对话框

8. 编写 ObjectARX 程序,使其能够将用户单选的一直线段[见图(a)]转换为以该线段为轴线的空心圆管[见图(b)]。空心圆管外径由用户在命令行输入,内径是外径的一半。

ARX 命令为 BeTube。

　　注：不使用 acedCommandS 函数调用 AutoCAD 命令实现。

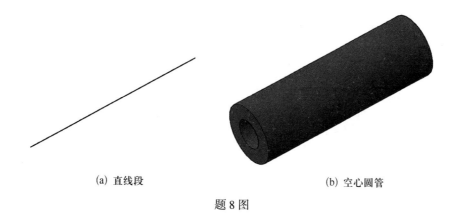

　　　　　(a) 直线段　　　　　　　　　　　　　　　(b) 空心圆管

题 8 图

参 考 文 献

[1] 唐荣锡. CAD 产业发展的回顾与思考（之一）[J]. 现代制造，2003，5：59-60.

[2] 薛山. 计算机辅助设计基础及应用[M]. 北京：清华大学出版社，2018.

[3] 中国机械工程学会机械设计分会，李扬，王大康. 计算机辅助设计及制造技术[M]. 3 版. 北京：机械工业出版社，2020.

[4] 刘军. CAD／CAM 技术基础[M]. 北京：北京大学出版社，2010.

[5] 袁泽虎，郭菁，肖惠民. 计算机辅助设计[M]. 北京：清华大学出版社，2012.

[6] 天工在线. AutoCAD 2022 从入门到精通·实战案例版[M]. 北京：中国水利水电出版社，2021.

[7] 钟日铭，等. AutoCAD 2015 完全自学手册[M]. 北京：机械工业出版社，2014.

[8] 任爱珠，张建平，马智亮. 建筑结构 CAD 技术基础[M]. 北京：清华大学出版社，1996.

[9] 范玉清，冯秀娟，周建华. CAD 软件设计[M]. 北京：北京航空航天大学出版社，1996.

[10] 孙家广，杨长贵. 计算机图形学(新版)[M]. 北京：清华大学出版社，1995.

[11] Gregory K. Visual C++ 6 开发使用手册[M]. 前导工作室，译. 机械工业出版社，1999.

[12] Olafsen E, Scribner K, White K D, et al. MFC Visual C++ 6 编程技术内幕[M]. 王建华，陈一飞，张焕生，等，译. 北京：机械工业出版社，2000.

[13] 李世国. AutoCAD 高级开发技术：ARX 编程及应用[M]. 北京：机械工业出版社，1999.

[14] 邵俊昌，李旭东. AutoCAD ObjectARX2000 开发技术指南[M]. 北京：电子工业出版社，2000.

[15] Autodesk. Developer Technical Services, ObjectARX 2022 [EB/OL]. https：//www. autodesk. com/developer-network/platform-technologies/autocad.

[16] Fernando Malard. Creating AutoCAD Cross-Platform Plug-ins [EB/OL]. https：//www. autodesk.com/autodesk-university/class/Creating-AutoCAD-Cross-Platform-Plug-ins-2015.

[17] Autodesk, ObjectARX for AutoCAD 2022：Reference Guide [EB/OL]. https：//help. autodesk. com/view/OARX/2022/ENU/？ guid = OARX-RefGuide-ObjectARX_ Reference_ Guide.

[18] Autodesk, ObjectARX for AutoCAD 2022：Developer's Guide [EB/OL]. https：//help. autodesk. com/view/OARX/2022/ENU/？ guid = GUID-9B4F6629-8B7D-460B-802B-6D2C25966994.